龙眼种质资源图谱

上册

刘丽琴 石胜友 胡小文 等 著

中国农业科学技术出版社

图书在版编目（CIP）数据

龙眼种质资源图谱 . 上册 / 刘丽琴等著 . -- 北京 : 中国农业科学技术出版社 , 2025. 6. -- ISBN 978-7-5116-7262-9

Ⅰ. S667.202.4-64

中国国家版本馆 CIP 数据核字第 2025ME4979 号

责任编辑 倪小勋
责任校对 马广洋
责任印制 姜义伟 王思文

出 版 者 中国农业科学技术出版社
北京市中关村南大街 12 号 邮编：100081
电 话 （010）62111246（编辑室）（010）82106624（发行部）
（010）82109709（读者服务部）
网 址 https://castp.caas.cn
经 销 者 各地新华书店
印 刷 者 北京建宏印刷有限公司
开 本 185 mm × 260 mm 1/16
印 张 20
字 数 380 千字
版 次 2025 年 6 月第 1 版 2025 年 6 月第 1 次印刷
定 价 358.00 元

《龙眼种质资源图谱（上册）》
著者委员会

著者名单

主　著　刘丽琴　石胜友　胡小文

参　著　（以姓氏笔画为序）

丁晓波　马　强　王　弋　王一承　王佳卉
朱利飞　决登伟　李　响　李伟才　李志芳
李甜子　陈晶晶　郑雪文　舒　波　薛　忠
魏永赞

著者单位

中国热带农业科学院南亚热带作物研究所
中国热带农业科学院热带作物品种资源研究所
农业农村部热带果树生物学重点实验室
热带作物生物育种全国重点实验室
国家热带果树种质资源圃（湛江）
广东省南亚热带作物种质资源圃
中国热带农业科学院热带生物技术研究所
重庆文理学院
华南农业大学
广东海洋大学
贵州省农业科学院园艺研究所
泸州市农业科学研究院
佛山市农业科学研究所

本书资助项目：热带作物生物育种全国重点实验室“利用龙眼荔枝属间杂交培育适宜海南产期调节生产的龙眼新品种”（项目编号：NKLTCB202340），“适宜海南龙眼熟期调节生产模式的优良新品种选育”（项目编号：NKLTCBCXTD11）；国家自然科学基金面上项目“龙眼 DlCYP714A1 基因调控果实大小的功能和机制解析”（项目编号：32272674）；广东省荔枝龙眼产业技术体系湛江综合试验站（项目编号：2024CXTD19）；农业农村部物种品种资源保护费项目（项目编号：102125171630060009001）；农业农村部种业管理司项目“2025 年热带果树种质资源安全保存”（项目编号：22250401）；广东省重点领域研发计划项目“现代种业”重大科技专项“不同熟期抗寒优质龙眼新品种选育”（项目编号：2020B020220006），“广东主要水果砧木优良种质创新利用及矮化抗逆新品种的选育”（项目编号：2022B0202070002）；国家荔枝龙眼产业技术体系（项目编号：CARS-32-16，CARS-32-23）；重庆市自然科学基金创新发展联合基金项目“赤霉素调控龙眼果实大小性状的分子机制研究”（项目编号：CSTB2025NSCQ-LZX0158）

前 言

龙眼（*Dimocarpus longan* Lour.）为无患子科（Sapindaceae）龙眼属（*Dimocarpus*）植物（2*n*=2*x*=30）。该属植物约 20 个种，中国原产 4 种，即龙眼（*Dimocarpus longan* Lour.）、龙荔［*Dimocarpus confinis* (How et Ho) H. S. Lo］、灰岩肖韶子［*Dimocarpus fumatus* (Bl.) Leenh］、滇龙眼［*Dimocarpus yunnanensis* (W. T. Wang) C. Y. Wu et T. L. Ming］，栽培种多为龙眼。

龙眼别名桂圆，是重要的热带、亚热带常绿果树，果肉晶莹爽脆，药食两用，在中国素有“北人参，南桂圆”之美誉。龙眼广泛种植于中国、泰国、越南、澳大利亚和美国等地。中国的栽培面积和产量均居世界首位，以广东、广西、福建、海南、台湾等省（区）较多。

中国对龙眼种质资源调查研究始于 20 世纪 50 年代，1958—1962 年，我国龙眼主产省（区）相继开展了资源调查，80 年代又先后进行复查和整理，并提出了地方推广品种。调查发现，我国拥有丰富的龙眼种质资源，种类繁多，分布广泛，野生、半野生变种丰富。结合植物群落学、植物地理学以及中国两千多年的栽培历史综合判断，绝大多数学者认为中国西南和南部地区可能是世界龙眼栽培的起源中心，其中云南为初级中心，广东、广西、海南为次级中心。

目前，广东、海南、福建等地的龙眼种质圃已收集种质资源 4 种 500 余份。本书基于国家热带果树种质资源（龙眼）圃（广东湛江）保存的种质资源，对植物学性状稳定的资源进行了长期（5 年以上）观测，并拍摄照片，汇编成册，为龙眼科研工作者提供参考。

本书分为两章。第一章为龙眼种质资源遗传多样性图谱，通过树、叶、花、果等性状图片展示其多样性。第二章为龙眼种质资源，共收录 98 份龙眼资源，其中前 76 份为本圃收集引进且已结果的资源，后 22 份为筛选的种间杂交及实生选育优株。需要说明的是，果皮光滑度、果肉香味、饱满种核大小按《植物新品种特异性、一致性和稳定性测试指南 龙眼》（NY/T 2431—2013）的方法描述，其余性状按《荔枝、龙眼种质资源描述规范》（NY/T 1691—2009）的标准描述；叶片性状均按《植物新品种特异性、一致性和稳定性测试指南 龙眼》（NY/T 2431—2013）的方法描述。因种质资源规范性描述和图片拍摄是一个长期系统的工程，需要不断收集和完善数据资料，本书仅对98份已结果的资源进行了描述，其余资源将逐步完善。在描述过程中，因栽培环境、管理水平等引起的差异在所难免。

本书力求文字简洁，图片直观，数据准确，希望本书的出版为龙眼种质资源的收集、保存、鉴定、评价、共享和利用等提供较为科学的数据资料，也为我国龙眼科研、教学和产业发展提供参考。由于著者水平有限，书中可能存在疏漏，恳请专家和读者批评指正。

著　者

2025年1月

目录

第一章

龙眼种质资源遗传多样性图谱

龙眼不同种质在果实整齐度、果实形状、果肩形状、果顶形状方面有一定的差异。果实整齐度表现为差、中、好；果实形状有近圆形、扁圆形、椭圆形、心形、肾形（图 1）；果肩形状有一平一隆、双肩微隆、双肩平、一斜一隆（图 2）；果顶形状有尖圆、钝圆、渐圆、圆形、浑圆五种（图 3）。

图 1　果实形状

图 2　果肩形状

图 3　果顶形状

不同龙眼种质果皮也有丰富的遗传多样性，其中果皮颜色有黄绿色、青褐色、黄褐色、棕褐色、赤褐色、黑褐色六种（图 4）；果皮龟裂纹表现为无、不明显、较明显、明显四种（图 5）；果皮龟裂片形状有锥尖状突起、乳头状突起、隆起、平滑、微凹、无六种（图 6）；果皮放射纹分为无、不明显、较明显、明显四种（图 7）；果皮疣状突起分为无、不明显、较明显、明显四种（图 8）；果皮光滑度有光滑、较粗糙、粗糙三种（图 9）；内果皮颜色遗传多样性不明显，有白色、淡白褐色、浅白褐色三种（图 10）。

黄绿色　　青褐色　　黄褐色

棕褐色　　赤褐色　　黑褐色

图 4　果皮颜色

无　　不明显　　较明显　　明显

图 5　果皮龟裂纹

锥尖状突起　　乳头状突起　　隆起　　平滑　　无

图 6　果皮龟裂片形状

无　　不明显　　较明显　　明显

图 7　果皮放射纹

无　　不明显　　较明显　　明显

图 8　果皮疣状突起

光滑　　较粗糙　　粗糙

图 9　果皮光滑度

白色　　淡白褐色　　浅白褐色

图 10　内果皮颜色

不同龙眼种质果肉方面的遗传多样性表现在果肉颜色、果肉香味、果肉质地、果肉流汁情况、汁液量、果肉透明度、果肉化渣程度、果实香气八个方面。果肉颜色有蜡黄、蜡白、乳白、乳白带血丝、黄白、粉红色（图 11）；果肉香味分为无或极弱、弱、中、强、极强；果肉质地有细嫩、软滑、软韧、稍脆、爽脆、粗糙；果肉流汁情况分为无、轻度流汁、重度流汁；汁液量有少、中、多；果肉透明度有不透明、半透明、透明（图 12）；化渣程度有化渣、略带渣、不带渣；果实香气分为无香、微香、浓香、特殊香味、异味五种。

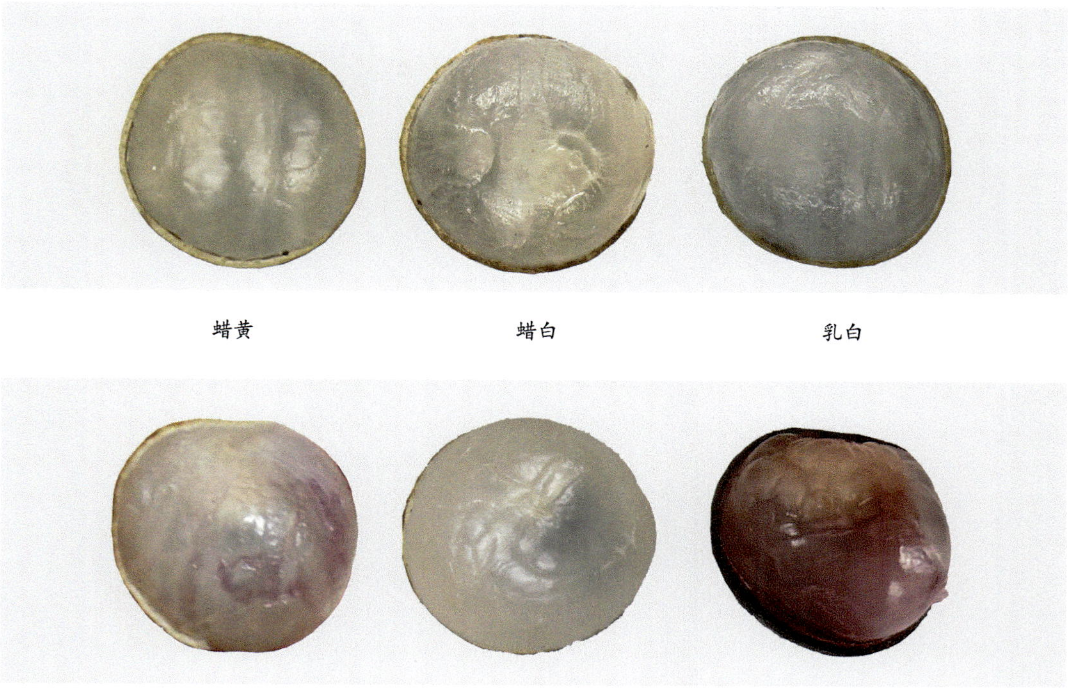

蜡黄　蜡白　乳白

乳白带血丝　黄白　粉红色

图 11　果肉颜色

不透明　半透明　透明

图 12　果肉透明度

不同龙眼种质的种子离核难易、种子大小、种子形状、种脐大小、种皮颜色、种皮光滑度、种子顶面观等方面也有一定的遗传多样性。其中离核难易分为易、较易、难；饱满种核大小分为极小、小、中、大、极大（图 13）；种子形状分为近圆形、扁圆形、椭圆形、不规则形、长椭圆形（图 14）；种脐大小有小、中、大（图 15）；种皮颜色有红褐色、赤褐色、黄褐色、浅褐色、深褐色、紫黑色、漆黑色（图 16）；种皮光滑度有皱、较光滑、光滑（图 17）；种子顶面观有近圆形、椭圆形、菱形、不规则形四种（图 18）。

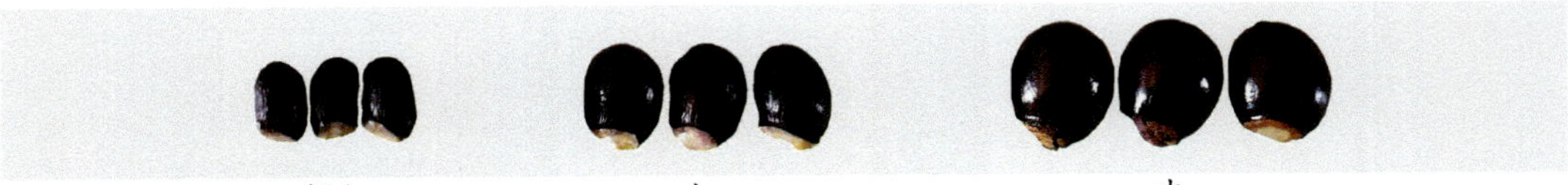

极小　　小　　中

大　　极大

图 13　种子大小

近圆形　　扁圆形　　椭圆形　　不规则形　　长椭圆形

图 14　种子形状

小　　中　　大

图 15　种脐大小

红褐色　　赤褐色　　黄褐色　　浅褐色

深褐色　　紫黑色　　漆黑色

图 16　种皮颜色

皱　　较光滑　　光滑

图 17　种皮光滑度

近圆形　　椭圆形　　菱形　　不规则形

图 18　种子顶面观

不同龙眼种质的树姿、小叶性状方面有一定的遗传多样性。树姿有直立、开张、下垂三种（图 19）；小叶对数分为少、中、多三种（图 20）；小叶着生方式有对生、近对生、互生三种（图 21）；小叶形状有披针形、长椭圆形两种（图 22）；叶面形态有浅内卷、深内卷、平展、浅外卷、深外卷五种（图 23）；叶面皱褶分为无或有两种（图 24）；叶尖形状有急尖、渐尖、短钝尖、长钝尖四种（图 25）；叶基形状有短楔形、长楔形两种（图 26）；叶缘波状分为无或极弱、弱、中、强、极强五种（图 27）；叶缘缺刻分为有或无两种（图 28）；叶面颜色主要有黄绿色、浅绿色、绿色、深绿色四种（图 29）；叶面光泽度有弱、中、强三种（图 30）。

直立　　开张　　下垂

图 19　树姿

图 20　小叶对数

图 21　小叶着生方式

图 22　小叶形状

浅内卷 深内卷 平展 浅外卷 深外卷

图 23 小叶叶面形态

无 有

图 24 小叶叶面皱褶

急尖 渐尖 短钝尖 长钝尖

图 25 小叶叶尖形状

短楔形　　长楔形

图 26　小叶叶基形状

无或极弱　　弱　　中　　强　　极强

图 27　小叶叶缘波状

无　　有

图 28　小叶叶缘缺刻

黄绿色　　浅绿色　　绿色　　深绿色

图 29　叶面颜色

弱　　中　　强

图 30　叶面光泽度

第二章

龙眼种质资源

石硖

原产地：广东南海
栽培地：广东、广西、海南等地
种质类型：地方品种
成熟期：7 月上旬
单果质量：8.981 g
单果纵径：22.758 mm
单果横径：24.310 mm
单果侧径：25.602 mm
种子质量：1.580 g
种子纵径：13.706 mm
种子横径：12.491 mm
种子侧径：14.703 mm
果皮厚度：0.589 mm
果皮质量：1.122 g
果肉质量：6.279 g
可溶性固形物含量：23.80%
可食率：69.91%
果实整齐度：中
果实形状：近圆形
果肩形状：双肩平
果顶形状：钝圆
果皮颜色：黄褐色
果皮龟裂纹：较明显
果皮龟裂片形状：平滑
果皮放射纹：不明显
果皮瘤状突起：较明显
果皮光滑度：粗糙
内果皮颜色：浅白褐色
果肉颜色：蜡白色
果肉香味：强
果肉质地：爽脆
果肉流汁情况：无
汁液量：少
果肉透明度：不透明
果肉化渣程度：化渣
果实香气：浓香
离核难易：易
种子大小：小
种子形状：近圆形
种脐大小：中
种皮颜色：红褐色
种皮光滑度：较光滑
种子顶面观：椭圆形
树姿：开张
小叶对数：4 对
小叶着生方式：对生 / 近对生
小叶形状：长椭圆形
小叶叶面形态：深内卷
小叶叶面皱褶：无
小叶叶尖形状：渐尖
小叶叶基形状：短楔形
小叶叶缘波状：强
小叶叶缘缺刻：无
叶面颜色：深绿色
叶面光泽度：强

树

果穗

果实

花穗

幼叶正面

幼叶反面

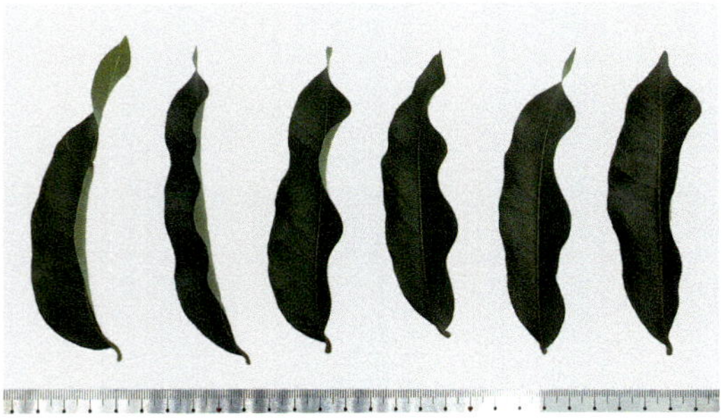

小叶正面

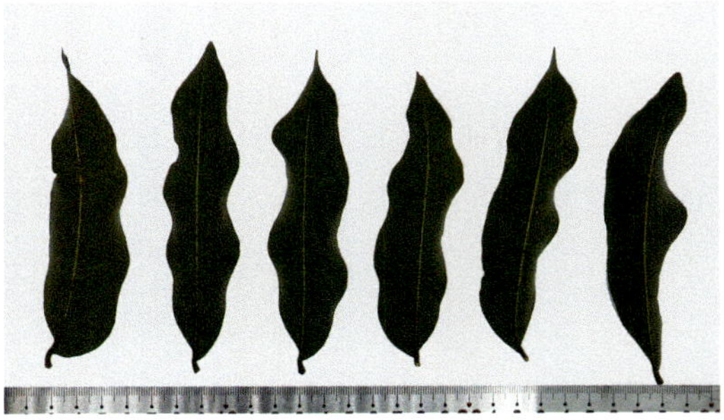

小叶反面

复叶正面

复叶反面

储良

原产地：广东高州
栽培地：广东、广西、海南等地
种质类型：地方品种
成熟期：7 月中旬
单果质量：13.555 g
单果纵径：26.730 mm
单果横径：29.853 mm
单果侧径：27.108 mm
种子质量：1.795 g
种子纵径：14.750 mm
种子横径：14.270 mm
种子侧径：11.709 mm
果皮厚度：0.781 mm
果皮质量：2.089 g
果肉质量：9.671 g
可溶性固形物含量：21.05%
可食率：71.35%
果实整齐度：好
果实形状：扁圆形 / 心形
果肩形状：双肩微隆
果顶形状：浑圆
果皮颜色：黄褐色
果皮龟裂纹：明显
果皮龟裂片形状：平滑
果皮放射纹：明显
果皮疣状突起：不明显
果皮光滑度：较光滑
内果皮颜色：浅白褐色
果肉颜色：蜡白色
果肉香味：中
果肉质地：爽脆
果肉流汁情况：轻度流汁
汁液量：中
果肉透明度：不透明
果肉化渣程度：化渣
果实香气：微香
离核难易：易
种子大小：中
种子形状：扁圆形 / 近圆形
种脐大小：中
种皮颜色：深褐色
种皮光滑度：光滑
种子顶面观：椭圆形
树姿：开张
小叶对数：4 对
小叶着生方式：对生
小叶形状：长椭圆形
小叶叶面形态：平展
小叶叶面皱褶：无
小叶叶尖形状：渐尖
小叶叶基形状：短楔形
小叶叶缘波状：弱
小叶叶缘缺刻：无
叶面颜色：绿色
叶面光泽度：中

树

果穗

果实

花穗

幼叶正面

幼叶反面

小叶正面

小叶反面

复叶正面

复叶反面

古山 2 号

原产地：广东揭阳
栽培地：粤东面积较大，广东其他地方也有种植
种质类型：地方品种
成熟期：7 月上旬
单果质量：10.114 g
单果纵径：25.330 mm
单果横径：24.369 mm
单果侧径：26.861 mm
种子质量：1.747 g
种子纵径：15.530 mm
种子横径：14.740 mm
种子侧径：12.490 mm
果皮厚度：0.780 mm
果皮质量：1.527 g
果肉质量：6.840 g
可溶性固形物含量：18.91%
可食率：67.63%
果实整齐度：好
果实形状：扁圆形
果肩形状：双肩微隆
果顶形状：钝圆
果皮颜色：黄褐色
果皮龟裂纹：明显
果皮龟裂片形状：隆起
果皮放射纹：较明显
果皮疣状突起：较明显
果皮光滑度：较粗糙
内果皮颜色：白色
果肉颜色：蜡黄色
果肉香味：中
果肉质地：爽脆
果肉流汁情况：无
汁液量：少
果肉透明度：不透明
果肉化渣程度：略带渣
果实香气：微香
离核难易：易
种子大小：中
种子形状：近圆形
种脐大小：中
种皮颜色：红褐色
种皮光滑度：较光滑
种子顶面观：椭圆形
树姿：半开张
小叶对数：4～5 对
小叶着生方式：对生 / 互生
小叶形状：长椭圆形
小叶叶面形态：深内卷
小叶叶面皱褶：无
小叶叶尖形状：短钝尖
小叶叶基形状：短楔形
小叶叶缘波状：强
小叶叶缘缺刻：无
叶面颜色：深绿色
叶面光泽度：弱

树

果穗

果实

花穗

幼叶正面

幼叶反面

小叶正面

小叶反面

复叶正面

复叶反面

大乌圆

原产地：广西贵港
栽培地：广西各产区及广东的部分产区
种质类型：地方品种
成熟期：7 月中旬
单果质量：14.311 g
单果纵径：30.262 mm
单果横径：33.327 mm
单果侧径：28.696 mm
种子质量：2.066 g
种子纵径：16.624 mm
种子横径：16.570 mm
种子侧径：14.896 mm
果皮厚度：1.124 mm
果皮质量：2.854 g
果肉质量：9.391 g
可溶性固形物含量：19.90%
可食率：65.62%
果实整齐度：好
果实形状：扁圆形
果肩形状：双肩微隆
果顶形状：浑圆
果皮颜色：黄褐色
果皮龟裂纹：不明显
果皮龟裂片形状：平滑
果皮放射纹：不明显
果皮疣状突起：明显
果皮光滑度：较光滑
内果皮颜色：白色
果肉颜色：蜡白 / 乳白色
果肉香味：弱
果肉质地：爽脆
果肉流汁情况：轻度流汁
汁液量：中
果肉透明度：半透明
果肉化渣程度：略带渣
果实香气：微香
离核难易：易
种子大小：大
种子形状：扁圆形
种脐大小：中
种皮颜色：漆黑色
种皮光滑度：光滑
种子顶面观：近圆形
树姿：直立
小叶对数：4～5 对
小叶着生方式：对生
小叶形状：长椭圆形
小叶叶面形态：深外卷
小叶叶面皱褶：有
小叶叶尖形状：渐尖
小叶叶基形状：短楔形
小叶叶缘波状：中
小叶叶缘缺刻：无
叶面颜色：深绿色
叶面光泽度：中

树

果穗

果实

花穗

幼叶正面

幼叶反面

小叶正面

小叶反面

复叶正面

复叶反面

草铺种

原产地：广东潮安
栽培地：广东潮汕地区
种质类型：地方品种
成熟期：7 月中旬
单果质量：8.926 g
单果纵径：23.318 mm
单果横径：25.190 mm
单果侧径：21.850 mm
种子质量：1.583 g
种子纵径：13.948 mm
种子横径：14.355 mm
种子侧径：13.731 mm
果皮厚度：0.607 mm
果皮质量：1.501 g
果肉质量：5.842 g
可溶性固形物含量：20.21%
可食率：65.45%
果实整齐度：好
果实形状：近圆形
果肩形状：一斜一隆
果顶形状：浑圆
果皮颜色：黄褐色
果皮龟裂纹：不明显
果皮龟裂片形状：平滑
果皮放射纹：较明显
果皮疣状突起：不明显
果皮光滑度：较光滑
内果皮颜色：浅白褐色
果肉颜色：乳白色
果肉香味：中
果肉质地：软韧
果肉流汁情况：无
汁液量：少
果肉透明度：半透明
果肉化渣程度：略带渣
果实香气：微香
离核难易：较易
种子大小：小
种子形状：扁圆形
种脐大小：小
种皮颜色：红褐色
种皮光滑度：较光滑
种子顶面观：椭圆形
树姿：半开张
小叶对数：4～5 对
小叶着生方式：对生
小叶形状：长椭圆形
小叶叶面形态：浅外卷
小叶叶面皱褶：有
小叶叶尖形状：渐尖
小叶叶基形状：短楔形
小叶叶缘波状：弱
小叶叶缘缺刻：无
叶面颜色：浅绿色
叶面光泽度：中

树（雨后拍摄）

果穗

果实

花穗

幼叶正面

幼叶反面

小叶正面

小叶反面

复叶正面

复叶反面

凤梨朵

原产地：广东潮州
栽培地：广东潮汕地区
种质类型：地方品种
成熟期：7 月上旬
单果质量：6.911 g
单果纵径：21.202 mm
单果横径：21.852 mm
单果侧径：20.579 mm
种子质量：1.481 g
种子纵径：13.693 mm
种子横径：13.403 mm
种子侧径：11.232 mm
果皮厚度：0.664 mm
果皮质量：1.150 g
果肉质量：4.280 g
可溶性固形物含量：27.11%
可食率：61.93%
果实整齐度：好
果实形状：近圆形
果肩形状：双肩平
果顶形状：圆形
果皮颜色：黄褐色
果皮龟裂纹：明显
果皮龟裂片形状：锥尖状突起
果皮放射纹：明显
果皮疣状突起：明显
果皮光滑度：粗糙
内果皮颜色：浅白褐色
果肉颜色：蜡黄色
果肉香味：中
果肉质地：软韧
果肉流汁情况：轻度流汁
汁液量：多
果肉透明度：透明
果肉化渣程度：化渣
果实香气：微香
离核难易：易
种子大小：小
种子形状：扁圆形
种脐大小：中
种皮颜色：漆黑色
种皮光滑度：较光滑
种子顶面观：近圆形
树姿：开张
小叶对数：5 对
小叶着生方式：对生
小叶形状：长椭圆形
小叶叶面形态：浅内卷
小叶叶面皱褶：无
小叶叶尖形状：渐尖
小叶叶基形状：短楔形
小叶叶缘波状：弱
小叶叶缘缺刻：无
叶面颜色：深绿色
叶面光泽度：中

树

果穗

果实

花穗

幼叶正面

幼叶反面

小叶正面

小叶反面

复叶正面

复叶反面

灵龙

原产地：广西灵山
栽培地：广西主产区、广东部分地区引种
种质类型：选育品种（实生选育，母树广眼）
成熟期：7月中下旬
单果质量：11.100 g
单果纵径：24.231 mm
单果横径：25.725 mm
单果侧径：23.809 mm
种子质量：1.905 g
种子纵径：13.909 mm
种子横径：14.069 mm
种子侧径：12.468 mm
果皮厚度：0.772 mm
果皮质量：1.768 g
果肉质量：7.427 g
可溶性固形物含量：21.35%
可食率：66.91%
果实整齐度：好
果实形状：扁圆形
果肩形状：一平一隆
果顶形状：浑圆
果皮颜色：黄褐色
果皮龟裂纹：较明显
果皮龟裂片形状：隆起
果皮放射纹：明显
果皮疣状突起：不明显
果皮光滑度：较粗糙
内果皮颜色：浅白褐色
果肉颜色：乳白色
果肉香味：中
果肉质地：爽脆
果肉流汁情况：轻度流汁
汁液量：多
果肉透明度：半透明
果肉化渣程度：略带渣
果实香气：浓香
离核难易：较易
种子大小：中
种子形状：近圆形
种脐大小：中
种皮颜色：深褐色
种皮光滑度：光滑
种子顶面观：椭圆形
树姿：开张
小叶对数：5～6对
小叶着生方式：对生
小叶形状：长椭圆形
小叶叶面形态：深内卷
小叶叶面皱褶：有
小叶叶尖形状：短钝尖
小叶叶基形状：短楔形
小叶叶缘波状：中
小叶叶缘缺刻：无
叶面颜色：深绿色
叶面光泽度：强

树

果穗

果实

花穗

幼叶正面

幼叶反面

小叶正面

小叶反面

复叶正面

复叶反面

蜀冠

原产地：四川泸州
栽培地：四川、重庆较大面积栽培
种质类型：选育品种（实生选育）
成熟期：7 月中旬
单果质量：12.135 g
单果纵径：22.670 mm
单果横径：24.846 mm
单果侧径：23.568 mm
种子质量：1.653 g
种子纵径：13.448 mm
种子横径：14.621 mm
种子侧径：15.202 mm
果皮厚度：1.484 mm
果皮质量：2.825 g
果肉质量：7.657 g
可溶性固形物含量：20.80%
可食率：63.10%
果实整齐度：好
果实形状：近圆形
果肩形状：双肩平
果顶形状：圆形
果皮颜色：黄褐色
果皮龟裂纹：明显
果皮龟裂片形状：隆起
果皮放射纹：明显
果皮疣状突起：明显
果皮光滑度：较粗糙
内果皮颜色：浅白褐色
果肉颜色：乳白色
果肉香味：弱
果肉质地：软韧
果肉流汁情况：轻度流汁
汁液量：多
果肉透明度：不透明
果肉化渣程度：略带渣
果实香气：微香
离核难易：易
种子大小：中
种子形状：椭圆形
种脐大小：小
种皮颜色：红褐色
种皮光滑度：较光滑
种子顶面观：椭圆形
树姿：开张
小叶对数：4 对
小叶着生方式：对生
小叶形状：长椭圆形
小叶叶面形态：浅内卷
小叶叶面皱褶：有
小叶叶尖形状：渐尖
小叶叶基形状：短楔形
小叶叶缘波状：强
小叶叶缘缺刻：无
叶面颜色：深绿色
叶面光泽度：中

树

果穗

果实

花穗

幼叶正面

幼叶反面

小叶正面

小叶反面

复叶正面

复叶反面

油潭本

原产地：福建莆田
栽培地：福建莆田、仙游、同安
种质类型：地方品种
成熟期：7 月中旬
单果质量：9.510 g
单果纵径：25.079 mm
单果横径：26.251 mm
单果侧径：24.482 mm
种子质量：1.800 g
种子纵径：13.730 mm
种子横径：13.066 mm
种子侧径：12.155 mm
果皮厚度：0.876 mm
果皮质量：1.620 g
果肉质量：6.090 g
可溶性固形物含量：24.87%
可食率：64.04%
果实整齐度：好
果实形状：扁圆形
果肩形状：双肩平
果顶形状：渐圆
果皮颜色：黄褐色
果皮龟裂纹：明显
果皮龟裂片形状：平滑
果皮放射纹：明显
果皮疣状突起：明显
果皮光滑度：较粗糙
内果皮颜色：浅白褐色
果肉颜色：乳白色
果肉香味：中
果肉质地：爽脆
果肉流汁情况：轻度流汁
汁液量：中
果肉透明度：半透明
果肉化渣程度：略带渣
果实香气：浓香
离核难易：易
种子大小：小
种子形状：扁圆形
种脐大小：中
种皮颜色：深褐色
种皮光滑度：较光滑
种子顶面观：椭圆形
树姿：开张
小叶对数：4 对
小叶着生方式：对生
小叶形状：长椭圆形
小叶叶面形态：深内卷
小叶叶面皱褶：无
小叶叶尖形状：渐尖
小叶叶基形状：短楔形
小叶叶缘波状：强
小叶叶缘缺刻：无
叶面颜色：深绿色
叶面光泽度：强

树

果穗

果实

花穗

幼叶正面

幼叶反面

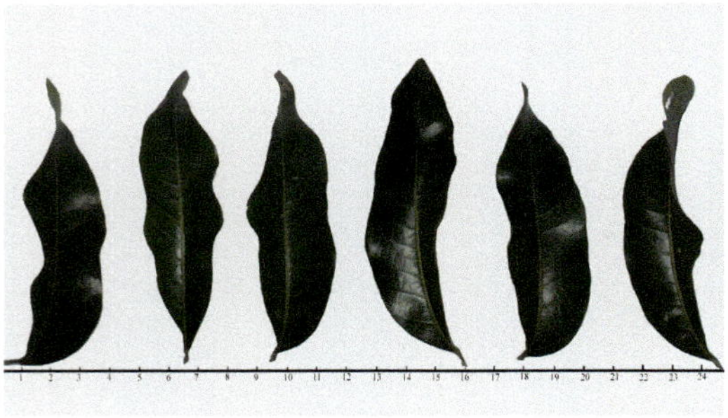

小叶正面

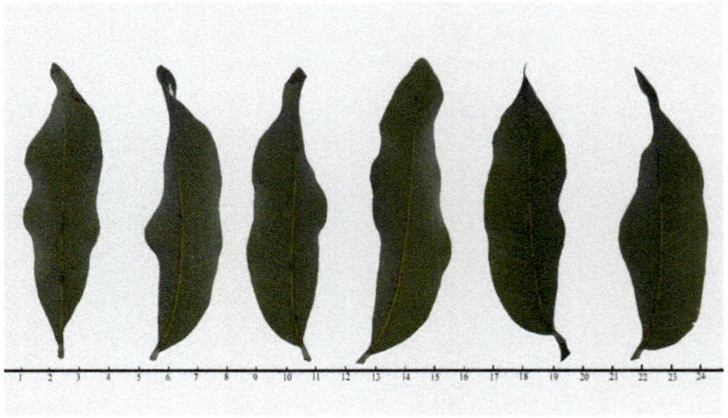

小叶反面

复叶正面

复叶反面

东壁

原产地：福建泉州
栽培地：福建各产区
种质类型：地方品种
成熟期：7 月上旬
单果质量：11.990 g
单果纵径：26.217 mm
单果横径：27.812 mm
单果侧径：24.995 mm
种子质量：1.910 g
种子纵径：14.200 mm
种子横径：14.317 mm
种子侧径：12.565 mm
果皮厚度：0.797 mm
果皮质量：2.210 g
果肉质量：7.870 g
可溶性固形物含量：24.90%
可食率：65.60%
果实整齐度：好
果实形状：扁圆形
果肩形状：双肩平
果顶形状：浑圆
果皮颜色：黄褐色
果皮龟裂纹：明显
果皮龟裂片形状：隆起
果皮放射纹：明显
果皮疣状突起：明显
果皮光滑度：较粗糙
内果皮颜色：浅白褐色
果肉颜色：蜡白色
果肉香味：弱
果肉质地：爽脆
果肉流汁情况：轻度流汁
汁液量：多
果肉透明度：透明
果肉化渣程度：化渣
果实香气：浓香
离核难易：易
种子大小：中
种子形状：扁圆形
种脐大小：大
种皮颜色：深褐色
种皮光滑度：较光滑
种子顶面观：近圆形
树姿：开张
小叶对数：4～5 对
小叶着生方式：对生
小叶形状：长椭圆形
小叶叶面形态：深内卷
小叶叶面皱褶：有
小叶叶尖形状：渐尖
小叶叶基形状：短楔形
小叶叶缘波状：强
小叶叶缘缺刻：无
叶面颜色：绿色
叶面光泽度：中

树

果穗

果实

花穗

幼叶正面

幼叶反面

小叶正面

小叶反面

复叶正面

复叶反面

桂丰早

原产地：广西
种质类型：选育品种（实生选育）
成熟期：6 月下旬
单果质量：10.860 g
单果纵径：25.143 mm
单果横径：27.817 mm
单果侧径：25.098 mm
种子质量：1.665 g
种子纵径：14.503 mm
种子横径：14.763 mm
种子侧径：12.714 mm
果皮厚度：0.570 mm
果皮质量：1.356 g
果肉质量：7.839 g
可溶性固形物含量：21.45%
可食率：72.18%
果实整齐度：好
果实形状：心形
果肩形状：双肩平
果顶形状：钝圆
果皮颜色：黄褐色
果皮龟裂纹：明显
果皮龟裂片形状：平滑
果皮放射纹：明显
果皮疣状突起：不明显
果皮光滑度：较粗糙
内果皮颜色：浅白褐色
果肉颜色：蜡白色
果肉香味：强
果肉质地：爽脆
果肉流汁情况：无
汁液量：中
果肉透明度：不透明
果肉化渣程度：化渣
果实香气：浓香
离核难易：易
种子大小：中
种子形状：近圆形
种脐大小：中
种皮颜色：红褐色
种皮光滑度：较光滑
种子顶面观：椭圆形
树姿：开张
小叶对数：4～5 对
小叶着生方式：对生
小叶形状：长椭圆形
小叶叶面形态：浅内卷
小叶叶面皱褶：无
小叶叶尖形状：渐尖
小叶叶基形状：短楔形
小叶叶缘波状：弱
小叶叶缘缺刻：无
叶面颜色：深绿色
叶面光泽度：中

树

果穗

果实

花穗

幼叶正面

幼叶反面

小叶正面

小叶反面

复叶正面

复叶反面

华农早

原产地：广东广州
种质类型：选育品种
成熟期：7 月上旬
单果质量：11.127 g
单果纵径：27.018 mm
单果横径：28.507 mm
单果侧径：25.016 mm
种子质量：1.699 g
种子纵径：15.192 mm
种子横径：15.297 mm
种子侧径：11.681 mm
果皮厚度：0.701 mm
果皮质量：1.931 g
果肉质量：7.497 g
可溶性固形物含量：19.95%
可食率：67.38%
果实整齐度：好
果实形状：近圆形 / 心形
果肩形状：双肩平
果顶形状：浑圆
果皮颜色：黄褐色
果皮龟裂纹：明显
果皮龟裂片形状：平滑
果皮放射纹：明显
果皮疣状突起：不明显
果皮光滑度：较粗糙
内果皮颜色：浅白褐色
果肉颜色：乳白色
果肉香味：强
果肉质地：爽脆
果肉流汁情况：轻度流汁
汁液量：中
果肉透明度：不透明
果肉化渣程度：略带渣
果实香气：微香
离核难易：易
种子大小：中
种子形状：扁圆形
种脐大小：中
种皮颜色：深褐色
种皮光滑度：较光滑
种子顶面观：椭圆形
树姿：开张
小叶对数：4～5 对
小叶着生方式：对生
小叶形状：长椭圆形
小叶叶面形态：浅内卷
小叶叶面皱褶：有
小叶叶尖形状：渐尖
小叶叶基形状：短楔形
小叶叶缘波状：中
小叶叶缘缺刻：无
叶面颜色：绿色
叶面光泽度：弱

树

果穗

果实

花穗

幼叶正面

幼叶反面

小叶正面

小叶反面

复叶正面

复叶反面

东莞 3 号

原产地：广东东莞
种质类型：选育品种（种间杂交）
成熟期：7 月上旬
单果质量：12.253 g
单果纵径：25.731 mm
单果横径：29.206 mm
单果侧径：25.035 mm
种子质量：1.931 g
种子纵径：15.475 mm
种子横径：15.141 mm
种子侧径：12.701 mm
果皮厚度：1.021 mm
果皮质量：2.069 g
果肉质量：8.252 g
可溶性固形物含量：21.26%
可食率：67.35%
果实整齐度：好
果实形状：扁圆形
果肩形状：双肩平
果顶形状：钝圆
果皮颜色：黄褐色
果皮龟裂纹：明显
果皮龟裂片形状：平滑
果皮放射纹：较明显
果皮疣状突起：不明显
果皮光滑度：光滑
内果皮颜色：浅白褐色
果肉颜色：蜡白色
果肉香味：中
果肉质地：爽脆
果肉流汁情况：轻度流汁
汁液量：中
果肉透明度：不透明
果肉化渣程度：化渣
果实香气：微香
离核难易：易
种子大小：中
种子形状：近圆形
种脐大小：中
种皮颜色：赤褐色
种皮光滑度：光滑
种子顶面观：椭圆形
树姿：开张
小叶对数：4～5 对
小叶着生方式：对生
小叶形状：长椭圆形
小叶叶面形态：深内卷
小叶叶面皱褶：无
小叶叶尖形状：渐尖
小叶叶基形状：短楔形
小叶叶缘波状：弱
小叶叶缘缺刻：无
叶面颜色：绿色
叶面光泽度：中

树

果穗

果实

花穗

幼叶正面

幼叶反面

小叶正面

小叶反面

复叶正面

复叶反面

水南 1 号

原产地：福建莆田
栽培地：福建各主产区
种质类型：选育品种（实生选育）
成熟期：7 月中旬
单果质量：6.621 g
单果纵径：21.771 mm
单果横径：23.329 mm
单果侧径：21.789 mm
种子质量：1.410 g
种子纵径：13.178 mm
种子横径：13.411 mm
种子侧径：10.863 mm
果皮厚度：0.975 mm
果皮质量：1.332 g
果肉质量：3.879 g
可溶性固形物含量：21.38%
可食率：58.60%
果实整齐度：好
果实形状：扁圆形 / 心形
果肩形状：双肩平或一平一隆
果顶形状：钝圆
果皮颜色：青褐色
果皮龟裂纹：不明显
果皮龟裂片形状：平滑
果皮放射纹：不明显
果皮疣状突起：不明显
果皮光滑度：较光滑
内果皮颜色：浅白褐色
果肉颜色：蜡黄色
果肉香味：弱
果肉质地：软韧
果肉流汁情况：轻度流汁
汁液量：中
果肉透明度：半透明
果肉化渣程度：化渣
果实香气：微香
离核难易：易
种子大小：小
种子形状：扁圆形
种脐大小：大
种皮颜色：红褐色
种皮光滑度：光滑
种子顶面观：椭圆形
树姿：半开张
小叶对数：4 对
小叶着生方式：对生
小叶形状：长椭圆形
小叶叶面形态：深内卷
小叶叶面皱褶：无
小叶叶尖形状：渐尖
小叶叶基形状：长楔形
小叶叶缘波状：强
小叶叶缘缺刻：无
叶面颜色：绿色
叶面光泽度：中

树

果穗

果实

花穗

幼叶正面

幼叶反面

小叶正面

小叶反面

复叶正面

复叶反面

高宝

原产地：福建福州
种质类型：选育品种（立冬本 × 青壳宝圆，种间杂交）
成熟期：7 月中旬
单果质量：13.874 g
单果纵径：26.188 mm
单果横径：28.213 mm
单果侧径：27.902 mm
种子质量：2.256 g
种子纵径：16.324 mm
种子横径：16.516 mm
种子侧径：13.918 mm
果皮厚度：0.929 mm
果皮质量：2.320 g
果肉质量：9.298 g
可溶性固形物含量：19.34%
可食率：67.02%
果实整齐度：好
果实形状：近圆形
果肩形状：双肩平
果顶形状：浑圆
果皮颜色：青褐色 / 黄褐色
果皮龟裂纹：不明显
果皮龟裂片形状：平滑
果皮放射纹：较明显
果皮瘤状突起：不明显
果皮光滑度：较光滑
内果皮颜色：浅白褐色
果肉颜色：乳白色
果肉香味：弱
果肉质地：稍脆
果肉流汁情况：轻度流汁 / 无
汁液量：多
果肉透明度：半透明
果肉化渣程度：略带渣
果实香气：微香
离核难易：易
种子大小：大
种子形状：扁圆形
种脐大小：中
种皮颜色：深褐色
种皮光滑度：较光滑
种子顶面观：椭圆形
树姿：开张
小叶对数：4～5 对
小叶着生方式：对生
小叶形状：长椭圆形
小叶叶面形态：浅内卷
小叶叶面皱褶：无
小叶叶尖形状：渐尖
小叶叶基形状：短楔形
小叶叶缘波状：弱
小叶叶缘缺刻：无
叶面颜色：深绿色
叶面光泽度：中

树

果穗

果实

花穗

幼叶正面

幼叶反面

小叶正面

小叶反面

复叶正面

复叶反面

香眼

种质类型：选育品种（实生选育，母株苗翘）
成熟期：7 月中旬
单果质量：10.230 g
单果纵径：24.196 mm
单果横径：24.147 mm
单果侧径：24.600 mm
种子质量：1.583 g
种子纵径：13.337 mm
种子横径：12.799 mm
种子侧径：11.642 mm
果皮厚度：0.828 mm
果皮质量：1.639 g
果肉质量：7.008 g
可溶性固形物含量：21.01%
可食率：68.50%
果实整齐度：中
果实形状：扁圆形
果肩形状：双肩平
果顶形状：浑圆
果皮颜色：黄褐色
果皮龟裂纹：较明显
果皮龟裂片形状：隆起
果皮放射纹：不明显
果皮疣状突起：较明显
果皮光滑度：较粗糙
内果皮颜色：白色
果肉颜色：乳白色
果肉香味：弱
果肉质地：稍脆
果肉流汁情况：无
汁液量：少
果肉透明度：半透明
果肉化渣程度：不带渣
果实香气：浓香
离核难易：易
种子大小：小
种子形状：扁圆形
种脐大小：中
种皮颜色：赤褐色
种皮光滑度：较光滑
种子顶面观：椭圆形
树姿：开张
小叶对数：4～5 对
小叶着生方式：对生
小叶形状：长椭圆形
小叶叶面形态：浅内卷
小叶叶面皱褶：无
小叶叶尖形状：渐尖
小叶叶基形状：短楔形
小叶叶缘波状：中
小叶叶缘缺刻：无
叶面颜色：深绿色
叶面光泽度：弱

树

果穗

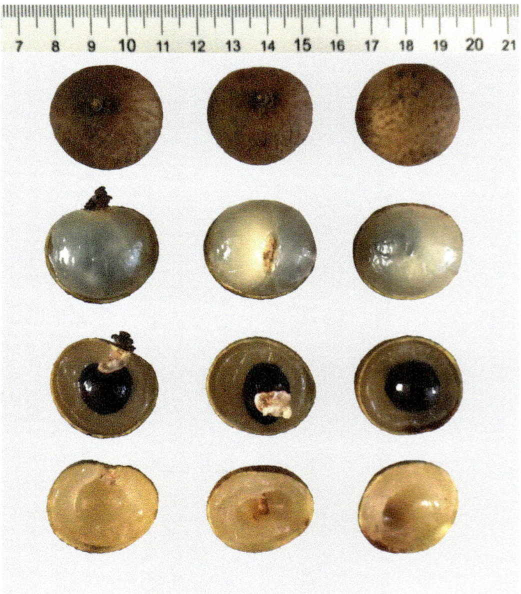

果实

花穗

幼叶正面

幼叶反面

小叶正面

小叶反面

复叶正面

复叶反面

晚香

原产地：福建福州
种质类型：选育品种（实生选育）
成熟期：7月下旬
单果质量：11.525 g
单果纵径：26.488 mm
单果横径：28.121 mm
单果侧径：26.039 mm
种子质量：1.628 g
种子纵径：15.834 mm
种子横径：15.487 mm
种子侧径：12.983 mm
果皮厚度：0.951 mm
果皮质量：2.059 g
果肉质量：7.838 g
可溶性固形物含量：20.48%
可食率：68.01%
果实整齐度：中
果实形状：近圆形
果肩形状：双肩平
果顶形状：钝圆
果皮颜色：黄褐色
果皮龟裂纹：不明显
果皮龟裂片形状：平滑
果皮放射纹：较明显
果皮疣状突起：较明显
果皮光滑度：较粗糙
内果皮颜色：淡白褐色
果肉颜色：蜡白色
果肉香味：强
果肉质地：爽脆
果肉流汁情况：无
汁液量：中
果肉透明度：不透明
果肉化渣程度：化渣
果实香气：浓香
离核难易：易
种子大小：中
种子形状：扁圆形
种脐大小：大
种皮颜色：深褐色
种皮光滑度：较光滑
种子顶面观：椭圆形
树姿：开张
小叶对数：5对
小叶着生方式：近对生
小叶形状：长椭圆形
小叶叶面形态：深内卷
小叶叶面皱褶：无
小叶叶尖形状：渐尖
小叶叶基形状：短楔形
小叶叶缘波状：强
小叶叶缘缺刻：无
叶面颜色：绿色
叶面光泽度：中

树

果穗

果实

花穗

幼叶正面

幼叶反面

小叶正面

小叶反面

复叶正面

复叶反面

马江圃

原产地：福建马江
种质类型：地方品种
成熟期：7 月下旬
单果质量：9.980 g
单果纵径：24.928 mm
单果横径：27.420 mm
单果侧径：24.811 mm
种子质量：2.359 g
种子纵径：16.818 mm
种子横径：16.506 mm
种子侧径：13.253 mm
果皮厚度：0.750 mm
果皮质量：1.571 g
果肉质量：6.050 g
可溶性固形物含量：21.85%
可食率：60.62%
果实整齐度：中
果实形状：扁圆形
果肩形状：双肩平
果顶形状：浑圆
果皮颜色：黄褐色
果皮龟裂纹：明显
果皮龟裂片形状：乳头状突起
果皮放射纹：明显
果皮疣状突起：不明显
果皮光滑度：较粗糙
内果皮颜色：浅白褐色
果肉颜色：蜡白色
果肉香味：强
果肉质地：软韧
果肉流汁情况：轻度流汁
汁液量：少
果肉透明度：透明
果肉化渣程度：略带渣
果实香气：浓香
离核难易：较易
种子大小：大
种子形状：扁圆形
种脐大小：中
种皮颜色：深褐色
种皮光滑度：较光滑
种子顶面观：近圆形
树姿：开张
小叶对数：4～5 对
小叶着生方式：对生 / 互生
小叶形状：长椭圆形
小叶叶面形态：平展
小叶叶面皱褶：有
小叶叶尖形状：钝尖
小叶叶基形状：短楔形
小叶叶缘波状：弱
小叶叶缘缺刻：无
叶面颜色：绿色
叶面光泽度：弱

树

果穗

果实

花穗

幼叶正面

幼叶反面

小叶正面

小叶反面

复叶正面

复叶反面

大鼻龙

原产地：福建莆田
栽培地：福建莆田、福清
种质类型：地方品种
成熟期：7 月中旬
单果质量：9.922 g
单果纵径：25.140 mm
单果横径：26.039 mm
单果侧径：25.458 mm
种子质量：1.583 g
种子纵径：14.329 mm
种子横径：13.534 mm
种子侧径：12.303 mm
果皮厚度：1.139 mm
果皮质量：1.963 g
果肉质量：6.376 g
可溶性固形物含量：20.47%
可食率：64.26%
果实整齐度：好
果实形状：近圆形
果肩形状：双肩平
果顶形状：圆形
果皮颜色：黄褐色
果皮龟裂纹：明显
果皮龟裂片形状：隆起
果皮放射纹：较明显
果皮疣状突起：较明显
果皮光滑度：较粗糙
内果皮颜色：浅白褐色
果肉颜色：蜡白色
果肉香味：弱
果肉质地：爽脆
果肉流汁情况：轻度流汁
汁液量：中
果肉透明度：半透明
果肉化渣程度：略带渣
果实香气：微香
离核难易：易
种子大小：小
种子形状：扁圆形
种脐大小：中
种皮颜色：漆黑色
种皮光滑度：较光滑
种子顶面观：近圆形
树姿：半开张
小叶对数：4～5 对
小叶着生方式：对生 / 近对生
小叶形状：长椭圆形
小叶叶面形态：深内卷
小叶叶面皱褶：无
小叶叶尖形状：渐尖
小叶叶基形状：短楔形
小叶叶缘波状：强
小叶叶缘缺刻：无
叶面颜色：浅绿色
叶面光泽度：中

树

果穗

果实

花穗

幼叶正面

幼叶反面

小叶正面

小叶反面

复叶正面

复叶反面

凤梨穗

原产地：福建省厦门市同安区新民镇
栽培地：广东、广西及福建部分地区
种质类型：地方品种
成熟期：7 月中上旬
单果质量：9.531 g
单果纵径：24.674 mm
单果横径：25.429 mm
单果侧径：24.218 mm
种子质量：1.735 g
种子纵径：15.790 mm
种子横径：14.553 mm
种子侧径：12.113 mm
果皮厚度：0.740 mm
果皮质量：1.603 g
果肉质量：6.193 g
可溶性固形物含量：18.27%
可食率：64.98%
果实整齐度：中
果实形状：近圆形
果肩形状：双肩平
果顶形状：圆形
果皮颜色：黄褐色
果皮龟裂纹：较明显
果皮龟裂片形状：平滑
果皮放射纹：较明显
果皮疣状突起：不明显
果皮光滑度：较光滑
内果皮颜色：浅白褐色
果肉颜色：乳白色
果肉香味：强
果肉质地：稍脆
果肉流汁情况：轻度流汁
汁液量：多
果肉透明度：半透明
果肉化渣程度：化渣
果实香气：浓香
离核难易：易
种子大小：中
种子形状：近圆形
种脐大小：中
种皮颜色：红褐色
种皮光滑度：较光滑
种子顶面观：椭圆形
树姿：开张
小叶对数：4～5 对
小叶着生方式：对生 / 近对生
小叶形状：长椭圆形
小叶叶面形态：浅外卷
小叶叶面皱褶：有
小叶叶尖形状：渐尖
小叶叶基形状：短楔形
小叶叶缘波状：中
小叶叶缘缺刻：无
叶面颜色：深绿色
叶面光泽度：中

树

果穗

果实

花穗

幼叶正面

幼叶反面

小叶正面

小叶反面

复叶正面

复叶反面

九月乌

原产地：福建莆田
栽培地：福建莆田
种质类型：地方品种
成熟期：7 月上旬
单果质量：7.909 g
单果纵径：21.190 mm
单果横径：23.461 mm
单果侧径：22.423 mm
种子质量：1.210 g
种子纵径：11.764 mm
种子横径：12.390 mm
种子侧径：11.670 mm
果皮厚度：0.801 mm
果皮质量：1.347 g
果肉质量：5.352 g
可溶性固形物含量：24.51%
可食率：67.70%
果实整齐度：好
果实形状：扁圆形
果肩形状：双肩微隆
果顶形状：浑圆
果皮颜色：黄褐色
果皮龟裂纹：不明显
果皮龟裂片形状：平滑
果皮放射纹：较明显
果皮疣状突起：较明显
果皮光滑度：较粗糙
内果皮颜色：浅白褐色
果肉颜色：蜡黄色
果肉香味：无
果肉质地：爽脆
果肉流汁情况：轻度流汁
汁液量：少
果肉透明度：不透明
果肉化渣程度：略带渣
果实香气：微香
离核难易：较易
种子大小：小
种子形状：扁圆形
种脐大小：小
种皮颜色：赤褐色
种皮光滑度：较光滑
种子顶面观：近圆形
树姿：半开张
小叶对数：4 对
小叶着生方式：对生
小叶形状：长椭圆形
小叶叶面形态：浅内卷
小叶叶面皱褶：无
小叶叶尖形状：渐尖
小叶叶基形状：短楔形
小叶叶缘波状：强
小叶叶缘缺刻：无
叶面颜色：深绿色
叶面光泽度：强

树

果穗

果实

花穗

幼叶正面

幼叶反面

小叶正面

小叶反面

复叶正面

复叶反面

红核子

原产地：福建福州
栽培地：福建福州、长乐、莆田、仙游等产区
种质类型：地方品种
成熟期：7 月上旬
单果质量：10.668 g
单果纵径：25.263 mm
单果横径：27.124 mm
单果侧径：24.351 mm
种子质量：1.951 g
种子纵径：14.906 mm
种子横径：15.061 mm
种子侧径：12.489 mm
果皮厚度：0.651 mm
果皮质量：1.632 g
果肉质量：7.085 g
可溶性固形物含量：25.38%
可食率：66.41%
果实整齐度：差
果实形状：扁圆形
果肩形状：双肩平
果顶形状：浑圆
果皮颜色：黄褐色
果皮龟裂纹：明显
果皮龟裂片形状：隆起
果皮放射纹：较明显
果皮疣状突起：较明显
果皮光滑度：较粗糙
内果皮颜色：浅白褐色
果肉颜色：乳白色
果肉香味：弱
果肉质地：软韧
果肉流汁情况：重度流汁
汁液量：多
果肉透明度：透明
果肉化渣程度：化渣
果实香气：浓香
离核难易：较易
种子大小：中
种子形状：近圆形
种脐大小：小
种皮颜色：赤褐色
种皮光滑度：较光滑
种子顶面观：近圆形
树姿：直立
小叶对数：5 对
小叶着生方式：互生
小叶形状：长椭圆形
小叶叶面形态：浅内卷
小叶叶面皱褶：无
小叶叶尖形状：短钝尖
小叶叶基形状：短楔形
小叶叶缘波状：中
小叶叶缘缺刻：无
叶面颜色：绿色
叶面光泽度：中

树

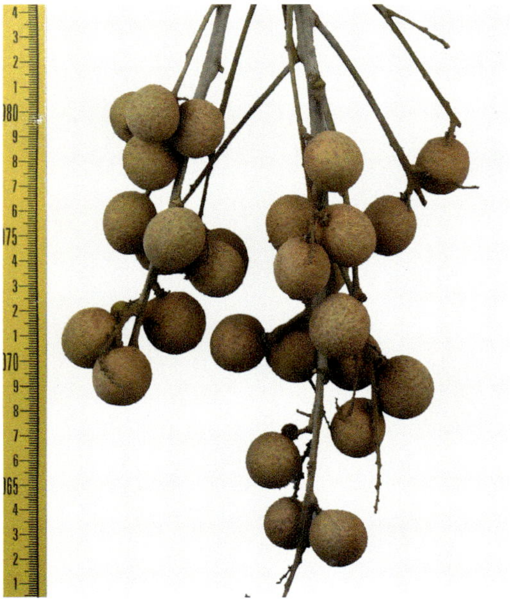

果穗

果实

花穗

幼叶正面

幼叶反面

小叶正面

小叶反面

复叶正面

复叶反面

焦眼

原产地：贵州罗甸上隆农场
栽培地：贵州罗甸县
种质类型：地方品种
成熟期：7 月中旬
单果质量：13.740 g
单果纵径：27.305 mm
单果横径：29.402 mm
单果侧径：27.522 mm
种子质量：2.260 g
种子纵径：15.906 mm
种子横径：15.547 mm
种子侧径：13.399 mm
果皮厚度：0.710 mm
果皮质量：1.980 g
果肉质量：9.500 g
可溶性固形物含量：19.40%
可食率：69.14%
果实整齐度：好
果实形状：扁圆形
果肩形状：双肩微隆
果顶形状：浑圆
果皮颜色：黄褐色
果皮龟裂纹：明显
果皮龟裂片形状：乳头状突起
果皮放射纹：明显
果皮瘤状突起：不明显
果皮光滑度：较粗糙
内果皮颜色：浅白褐色
果肉颜色：蜡白色
果肉香味：弱
果肉质地：软韧
果肉流汁情况：重度流汁
汁液量：多
果肉透明度：半透明
果肉化渣程度：化渣
果实香气：微香
离核难易：较易
种子大小：大
种子形状：扁圆形
种脐大小：中
种皮颜色：深褐色
种皮光滑度：较光滑
种子顶面观：椭圆形
树姿：开张
小叶对数：4 对
小叶着生方式：对生
小叶形状：长椭圆形
小叶叶面形态：浅内卷
小叶叶面皱褶：无
小叶叶尖形状：短钝尖
小叶叶基形状：短楔形
小叶叶缘波状：强
小叶叶缘缺刻：无
叶面颜色：绿色
叶面光泽度：中

树

果穗

果实

花穗

幼叶正面

幼叶反面

小叶正面

小叶反面

复叶正面

复叶反面

青桥柴螺

原产地：福建长乐
栽培地：福建部分产区
种质类型：地方品种
成熟期：7 月下旬
单果质量：11.673 g
单果纵径：26.787 mm
单果横径：28.633 mm
单果侧径：24.529 mm
种子质量：2.001 g
种子纵径：16.470 mm
种子横径：17.133 mm
种子侧径：13.137 mm
果皮厚度：1.257 mm
果皮质量：2.111 g
果肉质量：7.561 g
可溶性固形物含量：20.66%
可食率：64.80%
果实整齐度：好
果实形状：心形
果肩形状：双肩平或双肩微隆
果顶形状：钝圆
果皮颜色：青褐色
果皮龟裂纹：明显
果皮龟裂片形状：乳头状突起
果皮放射纹：较明显
果皮疣状突起：明显
果皮光滑度：粗糙
内果皮颜色：浅白褐色
果肉颜色：蜡白色
果肉香味：中
果肉质地：软滑
果肉流汁情况：轻度流汁
汁液量：少
果肉透明度：半透明
果肉化渣程度：不带渣
果实香气：微香
离核难易：较易
种子大小：大
种子形状：扁圆形
种脐大小：小
种皮颜色：漆黑色
种皮光滑度：光滑
种子顶面观：椭圆形
树姿：开张
小叶对数：5 对
小叶着生方式：对生
小叶形状：长椭圆形
小叶叶面形态：浅内卷
小叶叶面皱褶：无
小叶叶尖形状：渐尖
小叶叶基形状：短楔形
小叶叶缘波状：弱
小叶叶缘缺刻：无
叶面颜色：浅绿色
叶面光泽度：弱

树

果穗

果实

花穗

幼叶正面

幼叶反面

小叶正面

小叶反面

复叶正面

复叶反面

青壳宝圆（青山晚优）

原产地：福建长乐
栽培地：福建产区
种质类型：选育品种（实生选育，母树宝圆）
成熟期：7 月下旬
单果质量：12.820 g
单果纵径：26.361 mm
单果横径：27.899 mm
单果侧径：25.673 mm
种子质量：2.220 g
种子纵径：15.231 mm
种子横径：15.223 mm
种子侧径：12.734 mm
果皮厚度：0.726 mm
果皮质量：1.810 g
果肉质量：8.790 g
可溶性固形物含量：22.43%
可食率：68.56%
果实整齐度：好
果实形状：近圆形
果肩形状：双肩微隆
果顶形状：钝圆
果皮颜色：青褐色
果皮龟裂纹：不明显
果皮龟裂片形状：平滑
果皮放射纹：较明显
果皮疣状突起：不明显
果皮光滑度：较光滑
内果皮颜色：淡白褐色
果肉颜色：蜡白色
果肉香味：中
果肉质地：爽脆
果肉流汁情况：无
汁液量：中
果肉透明度：半透明
果肉化渣程度：略带渣
果实香气：微香
离核难易：易
种子大小：大
种子形状：扁圆形
种脐大小：大
种皮颜色：漆黑色
种皮光滑度：较光滑
种子顶面观：近圆形
树姿：开张
小叶对数：4～5 对
小叶着生方式：对生
小叶形状：长椭圆形
小叶叶面形态：浅内卷
小叶叶面皱褶：有
小叶叶尖形状：钝尖
小叶叶基形状：短楔形
小叶叶缘波状：强
小叶叶缘缺刻：无
叶面颜色：浅绿色
叶面光泽度：弱

树

果穗

果实

花穗

幼叶正面

幼叶反面

小叶正面

小叶反面

复叶正面

复叶反面

特晚熟

原产地：重庆江津
种质类型：选育品种（实生选育）
成熟期：7 月下旬
单果质量：9.061 g
单果纵径：23.698 mm
单果横径：25.764 mm
单果侧径：24.012 mm
种子质量：1.611 g
种子纵径：13.739 mm
种子横径：14.967 mm
种子侧径：13.068 mm
果皮厚度：1.022 mm
果皮质量：1.961 g
果肉质量：5.489 g
可溶性固形物含量：22.29%
可食率：60.58%
果实整齐度：好
果实形状：扁圆形
果肩形状：双肩平
果顶形状：钝圆
果皮颜色：黄褐色
果皮龟裂纹：不明显
果皮龟裂片形状：平滑
果皮放射纹：较明显
果皮瘤状突起：明显
果皮光滑度：较粗糙
内果皮颜色：白色
果肉颜色：蜡白色
果肉香味：弱
果肉质地：爽脆
果肉流汁情况：轻度流汁
汁液量：少
果肉透明度：不透明
果肉化渣程度：略带渣
果实香气：微香
离核难易：较易
种子大小：中
种子形状：扁圆形
种脐大小：小
种皮颜色：赤褐色
种皮光滑度：较光滑
种子顶面观：不规则形
树姿：开张
小叶对数：4～5 对
小叶着生方式：对生
小叶形状：长椭圆形
小叶叶面形态：浅内卷
小叶叶面皱褶：无
小叶叶尖形状：渐尖
小叶叶基形状：短楔形
小叶叶缘波状：中
小叶叶缘缺刻：无
叶面颜色：绿色
叶面光泽度：中

树

果穗

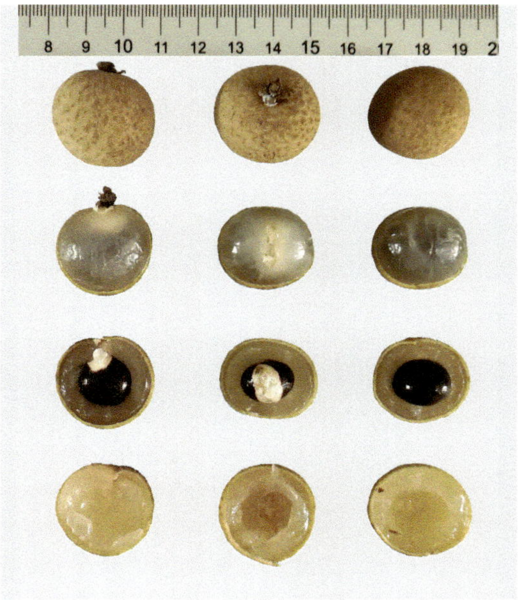

果实

花穗

幼叶正面

幼叶反面

小叶正面

小叶反面

复叶正面

复叶反面

红核焦

原产地：福建福州
种质类型：地方品种
成熟期：7 月上旬
单果质量：7.864 g
单果纵径：22.564 mm
单果横径：25.169 mm
单果侧径：23.133 mm
种子质量：1.365 g
种子纵径：14.053 mm
种子横径：13.459 mm
种子侧径：11.788 mm
果皮厚度：0.751 mm
果皮质量：1.268 g
果肉质量：5.231 g
可溶性固形物含量：20.09%
可食率：66.52%
果实整齐度：好
果实形状：近圆形
果肩形状：双肩平
果顶形状：圆形
果皮颜色：黄褐色
果皮龟裂纹：明显
果皮龟裂片形状：平滑
果皮放射纹：不明显
果皮瘤状突起：明显
果皮光滑度：较粗糙
内果皮颜色：浅白褐色
果肉颜色：蜡黄色
果肉香味：中
果肉质地：爽脆
果肉流汁情况：无
汁液量：少
果肉透明度：不透明
果肉化渣程度：略带渣
果实香气：微香
离核难易：较易
种子大小：小
种子形状：扁圆形
种脐大小：大
种皮颜色：赤褐色
种皮光滑度：较光滑
种子顶面观：近圆形
树姿：开张
小叶对数：4～5 对
小叶着生方式：互生
小叶形状：长椭圆形
小叶叶面形态：浅内卷
小叶叶面皱褶：无
小叶叶尖形状：渐尖
小叶叶基形状：短楔形
小叶叶缘波状：中
小叶叶缘缺刻：无
叶面颜色：绿色
叶面光泽度：弱

树

果穗

果实

花穗

幼叶正面

幼叶反面

小叶正面

小叶反面

复叶正面

复叶反面

松风本

原产地：福建莆田
栽培地：福建莆田、福州、宁德
种质类型：选育品种（实生选种）
成熟期：7 月上旬
单果质量：10.610 g
单果纵径：24.709 mm
单果横径：26.388 mm
单果侧径：24.014 mm
种子质量：2.080 g
种子纵径：15.311 mm
种子横径：15.754 mm
种子侧径：12.817 mm
果皮厚度：0.816 mm
果皮质量：1.720 g
果肉质量：6.810 g
可溶性固形物含量：23.55%
可食率：64.18%
果实整齐度：好
果实形状：近圆形
果肩形状：双肩平
果顶形状：浑圆
果皮颜色：黄褐色
果皮龟裂纹：不明显
果皮龟裂片形状：隆起
果皮放射纹：明显
果皮疣状突起：不明显
果皮光滑度：较光滑
内果皮颜色：浅白褐色
果肉颜色：蜡白色
果肉香味：中
果肉质地：爽脆
果肉流汁情况：无
汁液量：中
果肉透明度：半透明
果肉化渣程度：略带渣
果实香气：微香
离核难易：较易
种子大小：中
种子形状：扁圆形
种脐大小：小
种皮颜色：紫黑色
种皮光滑度：较光滑
种子顶面观：近圆形
树姿：半开张
小叶对数：5 对
小叶着生方式：互生
小叶形状：长椭圆形
小叶叶面形态：浅内卷
小叶叶面皱褶：无
小叶叶尖形状：渐尖
小叶叶基形状：短楔形
小叶叶缘波状：中
小叶叶缘缺刻：无
叶面颜色：绿色
叶面光泽度：中

树

果穗

果实

花穗

幼叶正面

幼叶反面

小叶正面

小叶反面

复叶正面

复叶反面

闽焦 64–2（上迳焦核）

原产地：福建福州
种质类型：选育品种（实生选种）
成熟期：7 月上旬
单果质量：11.023 g
单果纵径：26.258 mm
单果横径：26.784 mm
单果侧径：24.993 mm
种子质量：2.136 g
种子纵径：15.798 mm
种子横径：16.230 mm
种子侧径：13.659 mm
果皮厚度：0.928 mm
果皮质量：2.041 g
果肉质量：6.846 g
可溶性固形物含量：21.10%
可食率：62.10%
果实整齐度：好
果实形状：近圆形
果肩形状：双肩平
果顶形状：钝圆
果皮颜色：黄褐色
果皮龟裂纹：明显
果皮龟裂片形状：平滑
果皮放射纹：明显
果皮疣状突起：较明显
果皮光滑度：较光滑
内果皮颜色：浅白褐色
果肉颜色：蜡黄色
果肉香味：弱
果肉质地：爽脆
果肉流汁情况：轻度流汁
汁液量：中
果肉透明度：半透明
果肉化渣程度：略带渣
果实香气：微香
离核难易：易
种子大小：大
种子形状：扁圆形
种脐大小：中
种皮颜色：漆黑色
种皮光滑度：较光滑
种子顶面观：椭圆形
树姿：半开张
小叶对数：5～6 对
小叶着生方式：对生
小叶形状：长椭圆形
小叶叶面形态：浅内卷
小叶叶面皱褶：有
小叶叶尖形状：渐尖
小叶叶基形状：短楔形
小叶叶缘波状：中
小叶叶缘缺刻：无
叶面颜色：绿色
叶面光泽度：中

树

果穗

果实

花穗

幼叶正面

幼叶反面

小叶正面

小叶反面

复叶正面

复叶反面

友谊 106

原产地：福建莆田实生选种
栽培地：福建产区
种质类型：选育品种（实生选种）
成熟期：7 月上旬
单果质量：12.160 g
单果纵径：25.668 mm
单果横径：26.983 mm
单果侧径：27.314 mm
种子质量：2.420 g
种子纵径：16.005 mm
种子横径：15.848 mm
种子侧径：13.696 mm
果皮厚度：0.619 mm
果皮质量：1.700 g
果肉质量：8.040 g
可溶性固形物含量：22.33%
可食率：66.10%
果实整齐度：中
果实形状：近圆形
果肩形状：双肩平
果顶形状：浑圆
果皮颜色：黄褐色
果皮龟裂纹：不明显
果皮龟裂片形状：平滑
果皮放射纹：不明显
果皮疣状突起：不明显
果皮光滑度：较光滑
内果皮颜色：淡白褐色
果肉颜色：乳白色
果肉香味：弱
果肉质地：软韧
果肉流汁情况：无
汁液量：少
果肉透明度：透明
果肉化渣程度：化渣
果实香气：微香
离核难易：易
种子大小：大
种子形状：扁圆形
种脐大小：中
种皮颜色：漆黑色
种皮光滑度：较光滑
种子顶面观：近圆形
树姿：半开张
小叶对数：5 对
小叶着生方式：对生
小叶形状：长椭圆形
小叶叶面形态：深内卷
小叶叶面皱褶：有
小叶叶尖形状：渐尖
小叶叶基形状：短楔形
小叶叶缘波状：强
小叶叶缘缺刻：无
叶面颜色：深绿色
叶面光泽度：中

树

果穗

果实

花穗

幼叶正面

幼叶反面

小叶正面

小叶反面

复叶正面

复叶反面

凤广

原产地：不详
成熟期：7 月下旬
单果质量：8.093 g
单果纵径：23.314 mm
单果横径：25.217 mm
单果侧径：23.478 mm
种子质量：1.523 g
种子纵径：13.285 mm
种子横径：13.012 mm
种子侧径：11.773 mm
果皮厚度：0.786 mm
果皮质量：1.288 g
果肉质量：5.282 g
可溶性固形物含量：22.32%
可食率：65.30%
果实整齐度：中
果实形状：扁圆形
果肩形状：双肩平
果顶形状：浑圆
果皮颜色：黄褐色
果皮龟裂纹：不明显
果皮龟裂片形状：平滑
果皮放射纹：不明显
果皮疣状突起：较明显
果皮光滑度：较光滑
内果皮颜色：白色
果肉颜色：蜡白色
果肉香味：中
果肉质地：爽脆
果肉流汁情况：无
汁液量：中
果肉透明度：不透明
果肉化渣程度：略带渣
果实香气：微香
离核难易：较易
种子大小：小
种子形状：扁圆形
种脐大小：小
种皮颜色：深褐色
种皮光滑度：较光滑
种子顶面观：近圆形
树姿：开张
小叶对数：4～5 对
小叶着生方式：对生
小叶形状：长椭圆形
小叶叶面形态：浅内卷
小叶叶面皱褶：无
小叶叶尖形状：渐尖
小叶叶基形状：短楔形
小叶叶缘波状：中
小叶叶缘缺刻：无
叶面颜色：绿色
叶面光泽度：中

树

果穗

果实

花穗

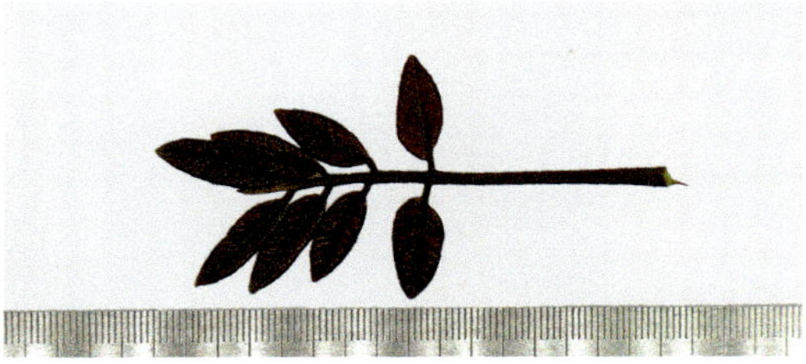

幼叶正面

幼叶反面

小叶正面

小叶反面

复叶正面

复叶反面

早白焦

原产地：广西龙州
成熟期：7 月上旬
单果质量：10.074 g
单果纵径：25.875 mm
单果横径：26.756 mm
单果侧径：25.598 mm
种子质量：1.568 g
种子纵径：14.336 mm
种子横径：14.066 mm
种子侧径：11.565 mm
果皮厚度：1.481 mm
果皮质量：2.228 g
果肉质量：6.278 g
可溶性固形物含量：23.69%
可食率：62.32%
果实整齐度：好
果实形状：近圆形
果肩形状：一平一隆
果顶形状：浑圆
果皮颜色：黄褐色
果皮龟裂纹：明显
果皮龟裂片形状：平滑
果皮放射纹：明显
果皮疣状突起：不明显
果皮光滑度：较粗糙
内果皮颜色：淡白褐色
果肉颜色：蜡白色 / 乳白色
果肉香味：弱
果肉质地：软韧
果肉流汁情况：轻度流汁
汁液量：多
果肉透明度：半透明
果肉化渣程度：略带渣
果实香气：微香
离核难易：较易
种子大小：小
种子形状：扁圆形
种脐大小：中
种皮颜色：漆黑色
种皮光滑度：皱
种子顶面观：椭圆形
树姿：直立
小叶对数：4 对
小叶着生方式：对生
小叶形状：长椭圆形
小叶叶面形态：浅外卷
小叶叶面皱褶：有
小叶叶尖形状：急尖
小叶叶基形状：短楔形
小叶叶缘波状：中
小叶叶缘缺刻：无
叶面颜色：绿色
叶面光泽度：弱

树

果穗

果实

花穗

幼叶正面

幼叶反面

小叶正面

小叶反面

复叶正面

复叶反面

储良实选

原产地：广东高州
种质类型：选育品种（实生选育）
成熟期：7 月中旬
单果质量：13.280 g
单果纵径：27.034 mm
单果横径：28.601 mm
单果侧径：27.455 mm
种子质量：2.230 g
种子纵径：14.272 mm
种子横径：15.088 mm
种子侧径：14.933 mm
果皮厚度：0.948 mm
果皮质量：2.590 g
果肉质量：8.460 g
可溶性固形物含量：22.34%
可食率：63.70%
果实整齐度：好
果实形状：扁圆形
果肩形状：一平一隆
果顶形状：浑圆
果皮颜色：黄褐色
果皮龟裂纹：不明显
果皮龟裂片形状：平滑
果皮放射纹：不明显
果皮疣状突起：不明显
果皮光滑度：较光滑
内果皮颜色：白色
果肉颜色：蜡白色
果肉香味：强
果肉质地：爽脆
果肉流汁情况：轻度流汁
汁液量：多
果肉透明度：不透明
果肉化渣程度：化渣
果实香气：特殊香味
离核难易：较易
种子大小：大
种子形状：扁圆形
种脐大小：大
种皮颜色：赤褐色
种皮光滑度：较光滑
种子顶面观：近圆形
树姿：开张
小叶对数：5 对
小叶着生方式：对生 / 近对生
小叶形状：长椭圆形
小叶叶面形态：平展
小叶叶面皱褶：有
小叶叶尖形状：渐尖
小叶叶基形状：短楔形
小叶叶缘波状：弱
小叶叶缘缺刻：无
叶面颜色：浅绿色
叶面光泽度：中

树

果穗

果实

花穗

幼叶正面

幼叶反面

小叶正面

小叶反面

复叶正面

复叶反面

中山脆肉

原产地：广东中山
种质类型：地方品种
成熟期：7 月上旬
单果质量：9.430 g
单果纵径：23.888 mm
单果横径：26.115 mm
单果侧径：23.479 mm
种子质量：1.615 g
种子纵径：13.581 mm
种子横径：13.657 mm
种子侧径：11.766 mm
果皮厚度：0.769 mm
果皮质量：1.766 g
果肉质量：6.049 g
可溶性固形物含量：21.88%
可食率：64.15%
果实整齐度：好
果实形状：扁圆形
果肩形状：双肩平
果顶形状：钝圆
果皮颜色：黄绿色
果皮龟裂纹：明显
果皮龟裂片形状：平滑
果皮放射纹：不明显
果皮瘤状突起：明显
果皮光滑度：较粗糙
内果皮颜色：浅白褐色
果肉颜色：蜡黄色
果肉香味：中
果肉质地：爽脆
果肉流汁情况：轻度流汁
汁液量：中
果肉透明度：半透明
果肉化渣程度：略带渣
果实香气：微香
离核难易：易
种子大小：小
种子形状：扁圆形
种脐大小：中
种皮颜色：红褐色
种皮光滑度：光滑
种子顶面观：近圆形
树姿：开张
小叶对数：4～5 对
小叶着生方式：对生
小叶形状：长椭圆形
小叶叶面形态：浅内卷
小叶叶面皱褶：有
小叶叶尖形状：渐尖
小叶叶基形状：短楔形
小叶叶缘波状：中
小叶叶缘缺刻：无
叶面颜色：深绿色
叶面光泽度：弱

树

果穗

果实

花穗

幼叶正面

幼叶反面

小叶正面

小叶反面

复叶正面

复叶反面

水涨

原产地：福建厦门
栽培地：福建厦门
种质类型：地方品种
成熟期：7 月上旬
单果质量：8.292 g
单果纵径：23.039 mm
单果横径：24.983 mm
单果侧径：23.209 mm
种子质量：1.360 g
种子纵径：13.187 mm
种子横径：13.270 mm
种子侧径：11.858 mm
果皮厚度：0.818 mm
果皮质量：1.470 g
果肉质量：5.462 g
可溶性固形物含量：22.41%
可食率：65.90%
果实整齐度：好
果实形状：扁圆形
果肩形状：双肩平
果顶形状：浑圆
果皮颜色：黄褐色
果皮龟裂纹：明显
果皮龟裂片形状：隆起
果皮放射纹：较明显
果皮疣状突起：明显
果皮光滑度：较粗糙
内果皮颜色：浅白褐色
果肉颜色：蜡黄色
果肉香味：弱
果肉质地：爽脆
果肉流汁情况：轻度流汁
汁液量：多
果肉透明度：不透明
果肉化渣程度：不带渣
果实香气：微香
离核难易：易
种子大小：小
种子形状：扁圆形
种脐大小：大
种皮颜色：红褐色
种皮光滑度：较光滑
种子顶面观：椭圆形
树姿：开张
小叶对数：4～5 对
小叶着生方式：对生
小叶形状：长椭圆形
小叶叶面形态：深内卷
小叶叶面皱褶：无
小叶叶尖形状：渐尖
小叶叶基形状：短楔形
小叶叶缘波状：中
小叶叶缘缺刻：无
叶面颜色：深绿色
叶面光泽度：弱

树

果穗

果实

花穗

幼叶正面

幼叶反面

小叶正面

小叶反面

复叶正面

复叶反面

普明庵

原产地：福建莆田
栽培地：福建莆田
种质类型：地方品种
成熟期：7 月中旬
单果质量：9.812 g
单果纵径：22.855 mm
单果横径：24.524 mm
单果侧径：23.106 mm
种子质量：1.568 g
种子纵径：13.849 mm
种子横径：13.486 mm
种子侧径：11.730 mm
果皮厚度：0.596 mm
果皮质量：1.419 g
果肉质量：6.825 g
可溶性固形物含量：22.07%
可食率：69.56%
果实整齐度：好
果实形状：心形 / 扁圆形
果肩形状：一斜一隆
果顶形状：浑圆
果皮颜色：黄褐色
果皮龟裂纹：不明显
果皮龟裂片形状：微凹
果皮放射纹：不明显
果皮疣状突起：不明显
果皮光滑度：光滑
内果皮颜色：浅白褐色
果肉颜色：乳白色
果肉香味：无
果肉质地：软韧
果肉流汁情况：轻度流汁
汁液量：多
果肉透明度：半透明
果肉化渣程度：化渣
果实香气：微香
离核难易：难
种子大小：小
种子形状：扁圆形
种脐大小：大
种皮颜色：赤褐色
种皮光滑度：光滑
种子顶面观：椭圆形
树姿：开张
小叶对数：4～5 对
小叶着生方式：对生
小叶形状：长椭圆形
小叶叶面形态：浅内卷
小叶叶面皱褶：无
小叶叶尖形状：钝尖
小叶叶基形状：短楔形
小叶叶缘波状：弱
小叶叶缘缺刻：无
叶面颜色：深绿色
叶面光泽度：弱

树

果穗

果实

花穗

幼叶正面

幼叶反面

小叶正面

小叶反面

复叶正面

复叶反面

特晚熟桂明 1 号

原产地：广西南宁
种质类型：选育品种（实生选育）
成熟期：7 月下旬
单果质量：11.368 g
单果纵径：24.797 mm
单果横径：26.678 mm
单果侧径：25.325 mm
种子质量：1.975 g
种子纵径：14.289 mm
种子横径：15.315 mm
种子侧径：13.090 mm
果皮厚度：0.705 mm
果皮质量：1.688 g
果肉质量：7.705 g
可溶性固形物含量：21.95%
可食率：67.78%
果实整齐度：中
果实形状：近圆形
果肩形状：双肩平
果顶形状：圆形
果皮颜色：黄褐色
果皮龟裂纹：明显
果皮龟裂片形状：平滑
果皮放射纹：较明显
果皮疣状突起：明显
果皮光滑度：较粗糙
内果皮颜色：白色
果肉颜色：乳白色
果肉香味：无
果肉质地：爽脆
果肉流汁情况：无
汁液量：少
果肉透明度：透明
果肉化渣程度：略带渣
果实香气：微香
离核难易：较易
种子大小：中
种子形状：扁圆形
种脐大小：中
种皮颜色：红褐色
种皮光滑度：光滑
种子顶面观：椭圆形
树姿：开张
小叶对数：4～5 对
小叶着生方式：对生 / 互生
小叶形状：长椭圆形
小叶叶面形态：深内卷
小叶叶面皱褶：有
小叶叶尖形状：钝尖
小叶叶基形状：短楔形
小叶叶缘波状：中
小叶叶缘缺刻：无
叶面颜色：绿色
叶面光泽度：中

树

果穗

果实

花穗

幼叶正面

幼叶反面

小叶正面

小叶反面

复叶正面

复叶反面

桂明 1 号

原产地：广西南宁
栽培地：广西各产区
种质类型：选育品种（实生选育，母树石硖）
成熟期：7 月下旬
单果质量：11.613 g
单果纵径：23.907 mm
单果横径：26.432 mm
单果侧径：24.782 mm
种子质量：1.996 g
种子纵径：14.416 mm
种子横径：15.127 mm
种子侧径：13.470 mm
果皮厚度：0.932 mm
果皮质量：1.798 g
果肉质量：7.819 g
可溶性固形物含量：20.44%
可食率：67.33%
果实整齐度：好
果实形状：近圆形
果肩形状：一平一隆
果顶形状：浑圆
果皮颜色：黄褐色
果皮龟裂纹：不明显
果皮龟裂片形状：平滑
果皮放射纹：不明显
果皮疣状突起：不明显
果皮光滑度：较光滑
内果皮颜色：白色
果肉颜色：乳白色
果肉香味：中
果肉质地：软韧
果肉流汁情况：轻度流汁
汁液量：少
果肉透明度：透明
果肉化渣程度：略带渣
果实香气：微香
离核难易：易
种子大小：中
种子形状：近圆形
种脐大小：大
种皮颜色：红褐色
种皮光滑度：光滑
种子顶面观：椭圆形
树姿：开张
小叶对数：4 对
小叶着生方式：对生
小叶形状：长椭圆形
小叶叶面形态：深外卷 / 平展
小叶叶面皱褶：有
小叶叶尖形状：钝尖
小叶叶基形状：短楔形
小叶叶缘波状：强
小叶叶缘缺刻：无
叶面颜色：绿色
叶面光泽度：中

树

果穗

果实

花穗

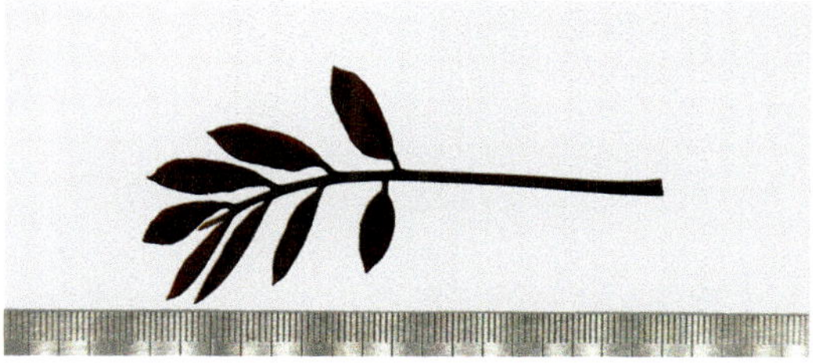

幼叶正面

幼叶反面

小叶正面

小叶反面

复叶正面

复叶反面

车站

原产地：广西龙州
栽培地：广西龙州
种质类型：地方品种
成熟期：7 月中下旬
单果质量：9.666 g
单果纵径：25.489 mm
单果横径：26.931 mm
单果侧径：24.745 mm
种子质量：1.562 g
种子纵径：14.882 mm
种子横径：14.725 mm
种子侧径：12.023 mm
果皮厚度：1.398 mm
果皮质量：2.307 g
果肉质量：5.797 g
可溶性固形物含量：22.97%
可食率：59.97%
果实整齐度：好
果实形状：近圆形
果肩形状：双肩平
果顶形状：圆形
果皮颜色：青褐色
果皮龟裂纹：明显
果皮龟裂片形状：隆起
果皮放射纹：明显
果皮疣状突起：明显
果皮光滑度：较粗糙
内果皮颜色：浅白褐色
果肉颜色：蜡白色
果肉香味：弱
果肉质地：软韧
果肉流汁情况：重度流汁
汁液量：多
果肉透明度：半透明
果肉化渣程度：略带渣
果实香气：微香
离核难易：难
种子大小：小
种子形状：扁圆形
种脐大小：中
种皮颜色：漆黑色
种皮光滑度：光滑
种子顶面观：椭圆形
树姿：开张
小叶对数：4～6 对
小叶着生方式：互生
小叶形状：长椭圆形
小叶叶面形态：平展
小叶叶面皱褶：有
小叶叶尖形状：渐尖
小叶叶基形状：短楔形
小叶叶缘波状：弱
小叶叶缘缺刻：无
叶面颜色：绿色
叶面光泽度：中

树

果穗

果实

花穗

幼叶正面

幼叶反面

小叶正面

小叶反面

复叶正面

复叶反面

福隆

原产地：广西龙州
种质类型：地方品种
成熟期：7月下旬
单果质量：9.175 g
单果纵径：24.731 mm
单果横径：25.818 mm
单果侧径：24.221 mm
种子质量：1.707 g
种子纵径：15.307 mm
种子横径：13.919 mm
种子侧径：13.116 mm
果皮厚度：1.132 mm
果皮质量：1.857 g
果肉质量：5.610 g
可溶性固形物含量：19.42%
可食率：61.15%
果实整齐度：好
果实形状：近圆形
果肩形状：一斜一隆
果顶形状：钝圆
果皮颜色：青褐色
果皮龟裂纹：明显
果皮龟裂片形状：隆起
果皮放射纹：明显
果皮疣状突起：明显
果皮光滑度：粗糙
内果皮颜色：白色
果肉颜色：乳白色
果肉香味：弱
果肉质地：软韧
果肉流汁情况：轻度流汁
汁液量：多
果肉透明度：半透明
果肉化渣程度：化渣
果实香气：微香
离核难易：较易
种子大小：中
种子形状：椭圆形
种脐大小：小
种皮颜色：漆黑色
种皮光滑度：光滑
种子顶面观：近圆形
树姿：开张
小叶对数：5～6对
小叶着生方式：对生 / 互生
小叶形状：长椭圆形
小叶叶面形态：平展
小叶叶面皱褶：有
小叶叶尖形状：钝尖
小叶叶基形状：短楔形
小叶叶缘波状：弱
小叶叶缘缺刻：无
叶面颜色：绿色
叶面光泽度：弱

树

果穗

果实

花穗

幼叶正面

幼叶反面

小叶正面

小叶反面

复叶正面

复叶反面

那岭

原产地：广西龙州
种质类型：地方品种
成熟期：7 月中旬
单果质量：8.587 g
单果纵径：23.309 mm
单果横径：23.969 mm
单果侧径：22.570 mm
种子质量：1.625 g
种子纵径：14.599 mm
种子横径：14.729 mm
种子侧径：13.596 mm
果皮厚度：1.091 mm
果皮质量：1.769 g
果肉质量：5.193 g
可溶性固形物含量：23.52%
可食率：60.48%
果实整齐度：好
果实形状：近圆形
果肩形状：一平一隆
果顶形状：浑圆
果皮颜色：青褐色
果皮龟裂纹：明显
果皮龟裂片形状：隆起
果皮放射纹：明显
果皮疣状突起：明显
果皮光滑度：较粗糙
内果皮颜色：浅白褐色
果肉颜色：蜡白色
果肉香味：弱
果肉质地：软韧
果肉流汁情况：无
汁液量：少
果肉透明度：半透明
果肉化渣程度：化渣
果实香气：微香
离核难易：较易
种子大小：中
种子形状：扁圆形
种脐大小：中
种皮颜色：紫黑色
种皮光滑度：较光滑
种子顶面观：近圆形
树姿：开张
小叶对数：4～5 对
小叶着生方式：对生 / 近对生
小叶形状：长椭圆形
小叶叶面形态：浅外卷
小叶叶面皱褶：有
小叶叶尖形状：渐尖
小叶叶基形状：短楔形
小叶叶缘波状：弱
小叶叶缘缺刻：无
叶面颜色：深绿色
叶面光泽度：弱

树

果穗

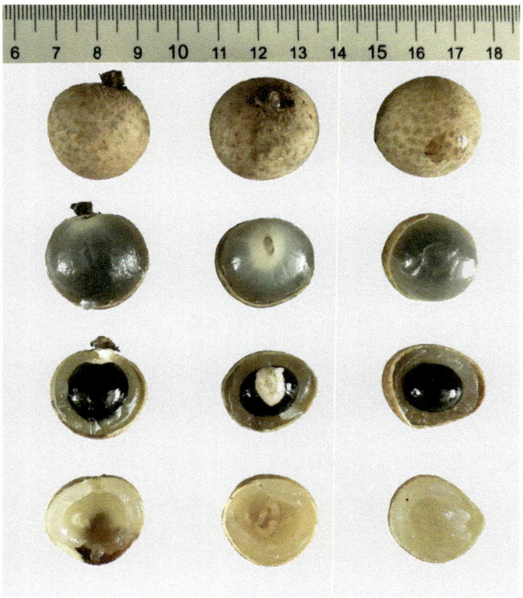

果实

花穗

幼叶正面

幼叶反面

小叶正面

小叶反面

复叶正面

复叶反面

良庆 2 号

原产地：广西南宁
种质类型：选育品种（实生选育）
成熟期：7 月中旬
单果质量：9.814 g
单果纵径：25.231 mm
单果横径：26.102 mm
单果侧径：24.022 mm
种子质量：2.251 g
种子纵径：15.445 mm
种子横径：16.279 mm
种子侧径：13.489 mm
果皮厚度：0.841 mm
果皮质量：1.473 g
果肉质量：6.090 g
可溶性固形物含量：20.85%
可食率：62.05%
果实整齐度：好
果实形状：近圆形 / 心形
果肩形状：双肩平
果顶形状：钝圆
果皮颜色：黄褐色
果皮龟裂纹：不明显
果皮龟裂片形状：隆起
果皮放射纹：较明显
果皮疣状突起：明显
果皮光滑度：较粗糙
内果皮颜色：白色
果肉颜色：蜡黄色
果肉香味：中
果肉质地：软韧
果肉流汁情况：轻度流汁
汁液量：少
果肉透明度：半透明
果肉化渣程度：略带渣
果实香气：微香
离核难易：较易
种子大小：大
种子形状：扁圆形
种脐大小：中
种皮颜色：漆黑色
种皮光滑度：较光滑
种子顶面观：椭圆形
树姿：开张
小叶对数：5 对
小叶着生方式：对生
小叶形状：长椭圆形
小叶叶面形态：浅内卷
小叶叶面皱褶：无
小叶叶尖形状：渐尖
小叶叶基形状：短楔形
小叶叶缘波状：中
小叶叶缘缺刻：无
叶面颜色：深绿色
叶面光泽度：弱

树

果穗

果实

花穗

幼叶正面

幼叶反面

小叶正面

小叶反面

复叶正面

复叶反面

桂香

原产地：广西武鸣、隆安
栽培地：广西武鸣、隆安
种质类型：选育品种（无性选种）
成熟期：7 月上旬
单果质量：9.985 g
单果纵径：24.186 mm
单果横径：26.899 mm
单果侧径：24.465 mm
种子质量：1.436 g
种子纵径：14.940 mm
种子横径：12.829 mm
种子侧径：11.501 mm
果皮厚度：0.743 mm
果皮质量：1.616 g
果肉质量：6.933 g
可溶性固形物含量：22.86%
可食率：69.43%
果实整齐度：好
果实形状：近圆形
果肩形状：双肩平
果顶形状：圆形
果皮颜色：黄褐色
果皮龟裂纹：明显
果皮龟裂片形状：隆起
果皮放射纹：不明显
果皮疣状突起：明显
果皮光滑度：较粗糙
内果皮颜色：白色
果肉颜色：蜡黄色
果肉香味：弱
果肉质地：爽脆
果肉流汁情况：无
汁液量：少
果肉透明度：不透明
果肉化渣程度：略带渣
果实香气：微香
离核难易：易
种子大小：小
种子形状：扁圆形
种脐大小：大
种皮颜色：红褐色
种皮光滑度：较光滑
种子顶面观：椭圆形
树姿：半开张
小叶对数：4～5 对
小叶着生方式：对生
小叶形状：长椭圆形
小叶叶面形态：浅内卷
小叶叶面皱褶：无
小叶叶尖形状：渐尖
小叶叶基形状：短楔形
小叶叶缘波状：中
小叶叶缘缺刻：无
叶面颜色：深绿色
叶面光泽度：弱

树

果穗

果实

花穗

幼叶正面

幼叶反面

小叶正面

小叶反面

复叶正面

复叶反面

康坛

原产地：广西龙州
成熟期：7 月下旬
单果质量：9.258 g
单果纵径：24.313 mm
单果横径：25.312 mm
单果侧径：23.684 mm
种子质量：1.532 g
种子纵径：14.354 mm
种子横径：14.238 mm
种子侧径：12.335 mm
果皮厚度：0.645 mm
果皮质量：1.625 g
果肉质量：6.102 g
可溶性固形物含量：20.91%
可食率：65.90%
果实整齐度：好
果实形状：近圆形
果肩形状：双肩平
果顶形状：圆形
果皮颜色：青褐色
果皮龟裂纹：明显
果皮龟裂片形状：隆起
果皮放射纹：不明显
果皮疣状突起：明显
果皮光滑度：较粗糙
内果皮颜色：浅白褐色
果肉颜色：乳白色
果肉香味：弱
果肉质地：软韧
果肉流汁情况：轻度流汁
汁液量：多
果肉透明度：半透明
果肉化渣程度：化渣
果实香气：无
离核难易：难
种子大小：中
种子形状：扁圆形
种脐大小：中
种皮颜色：漆黑色
种皮光滑度：皱
种子顶面观：近圆形
树姿：开张
小叶对数：5 对
小叶着生方式：对生
小叶形状：长椭圆形
小叶叶面形态：浅外卷
小叶叶面皱褶：有
小叶叶尖形状：渐尖
小叶叶基形状：短楔形
小叶叶缘波状：弱
小叶叶缘缺刻：无
叶面颜色：深绿色
叶面光泽度：中

树

果穗

果实

花穗

幼叶正面

幼叶反面

小叶正面

小叶反面

复叶正面

复叶反面

佳圆

原产地：广西南宁
种质类型：选育品种（实生选种，母株广眼）
成熟期：7 月中旬
单果质量：8.241 g
单果纵径：22.715 mm
单果横径：25.385 mm
单果侧径：23.798 mm
种子质量：1.329 g
种子纵径：12.879 mm
种子横径：12.874 mm
种子侧径：11.493 mm
果皮厚度：0.930 mm
果皮质量：1.549 g
果肉质量：5.363 g
可溶性固形物含量：20.85%
可食率：65.08%
果实整齐度：好
果实形状：扁圆形
果肩形状：双肩平
果顶形状：浑圆
果皮颜色：黄褐色
果皮龟裂纹：不明显
果皮龟裂片形状：平滑
果皮放射纹：不明显
果皮疣状突起：较明显
果皮光滑度：较光滑
内果皮颜色：浅白褐色
果肉颜色：蜡黄色
果肉香味：弱
果肉质地：爽脆
果肉流汁情况：无
汁液量：少
果肉透明度：不透明
果肉化渣程度：化渣
果实香气：无
离核难易：易
种子大小：小
种子形状：扁圆形
种脐大小：中
种皮颜色：赤褐色
种皮光滑度：光滑
种子顶面观：近圆形
树姿：开张
小叶对数：4～5 对
小叶着生方式：对生
小叶形状：长椭圆形
小叶叶面形态：浅内卷
小叶叶面皱褶：有
小叶叶尖形状：渐尖
小叶叶基形状：短楔形
小叶叶缘波状：中
小叶叶缘缺刻：无
叶面颜色：深绿色
叶面光泽度：弱

树

果穗

果实

花穗

幼叶正面

幼叶反面

小叶正面

小叶反面

复叶正面

复叶反面

处暑本

原产地：福建莆田
栽培地：福建莆田、仙游
种质类型：地方品种
成熟期：7 月下旬
单果质量：10.651 g
单果纵径：26.318 mm
单果横径：27.071 mm
单果侧径：28.615 mm
种子质量：1.659 g
种子纵径：12.769 mm
种子横径：13.138 mm
种子侧径：14.585 mm
果皮厚度：0.945 mm
果皮质量：2.220 g
果肉质量：6.772 g
可溶性固形物含量：22.05%
可食率：63.58%
果实整齐度：好
果实形状：近圆形
果肩形状：双肩平
果顶形状：浑圆
果皮颜色：黄褐色
果皮龟裂纹：不明显
果皮龟裂片形状：平滑
果皮放射纹：不明显
果皮疣状突起：明显
果皮光滑度：较粗糙
内果皮颜色：浅白褐色
果肉颜色：蜡黄色
果肉香味：中
果肉质地：软韧
果肉流汁情况：无
汁液量：中
果肉透明度：不透明
果肉化渣程度：略带渣
果实香气：微香
离核难易：难
种子大小：中
种子形状：扁圆形
种脐大小：大
种皮颜色：赤褐色
种皮光滑度：较光滑
种子顶面观：近圆形
树姿：开张
小叶对数：5 对
小叶着生方式：对生
小叶形状：长椭圆形
小叶叶面形态：浅内卷
小叶叶面皱褶：无
小叶叶尖形状：渐尖
小叶叶基形状：短楔形
小叶叶缘波状：中
小叶叶缘缺刻：无
叶面颜色：绿色
叶面光泽度：弱

树

果穗

果实

花穗

幼叶正面

幼叶反面

小叶正面

小叶反面

复叶正面

复叶反面

青圆毋本

原产地：不详
种质类型：地方品种
成熟期：7 月上旬
单果质量：11.747 g
单果纵径：26.727 mm
单果横径：27.580 mm
单果侧径：25.673 mm
种子质量：2.078 g
种子纵径：14.421 mm
种子横径：15.189 mm
种子侧径：13.468 mm
果皮厚度：0.983 mm
果皮质量：2.098 g
果肉质量：7.571 g
可溶性固形物含量：21.63%
可食率：64.45%
果实整齐度：好
果实形状：扁圆形
果肩形状：双肩平
果顶形状：钝圆
果皮颜色：黄褐色
果皮龟裂纹：不明显
果皮龟裂片形状：平滑
果皮放射纹：较明显
果皮疣状突起：不明显
果皮光滑度：较光滑
内果皮颜色：浅白褐色
果肉颜色：蜡黄色
果肉香味：中
果肉质地：软韧
果肉流汁情况：轻度流汁
汁液量：中
果肉透明度：半透明
果肉化渣程度：略带渣
果实香气：微香
离核难易：易
种子大小：大
种子形状：扁圆形
种脐大小：大
种皮颜色：深褐色
种皮光滑度：较光滑
种子顶面观：椭圆形
树姿：开张
小叶对数：4～5 对
小叶着生方式：对生
小叶形状：长椭圆形
小叶叶面形态：浅内卷
小叶叶面皱褶：无
小叶叶尖形状：钝尖
小叶叶基形状：短楔形
小叶叶缘波状：中
小叶叶缘缺刻：无
叶面颜色：绿色
叶面光泽度：中

树

果穗

果实

花穗

幼叶正面

幼叶反面

小叶正面

小叶反面

复叶正面

复叶反面

柴螺

原产地：福建长乐
栽培地：福建长乐青桥、青山下一带
种质类型：地方品种
成熟期：7 月下旬
单果质量：9.403 g
单果纵径：26.327 mm
单果横径：26.167 mm
单果侧径：23.936 mm
种子质量：2.209 g
种子纵径：17.417 mm
种子横径：16.388 mm
种子侧径：13.000 mm
果皮厚度：1.006 mm
果皮质量：2.301 g
果肉质量：4.893 g
可溶性固形物含量：20.40%
可食率：52.04%
果实整齐度：好
果实形状：心形
果肩形状：双肩微隆
果顶形状：钝圆
果皮颜色：黄褐色
果皮龟裂纹：明显
果皮龟裂片形状：平滑
果皮放射纹：不明显
果皮瘤状突起：不明显
果皮光滑度：较粗糙
内果皮颜色：浅白褐色
果肉颜色：乳白色
果肉香味：中
果肉质地：软韧
果肉流汁情况：轻度流汁
汁液量：中
果肉透明度：半透明
果肉化渣程度：略带渣
果实香气：微香
离核难易：易
种子大小：大
种子形状：近圆形
种脐大小：小
种皮颜色：漆黑色
种皮光滑度：光滑
种子顶面观：近圆形
树姿：开张
小叶对数：5 对
小叶着生方式：对生
小叶形状：长椭圆形
小叶叶面形态：平展
小叶叶面皱褶：无
小叶叶尖形状：渐尖
小叶叶基形状：短楔形
小叶叶缘波状：弱
小叶叶缘缺刻：无
叶面颜色：绿色
叶面光泽度：中

树

果穗

果实

花穗

幼叶正面

幼叶反面

小叶正面

小叶反面

复叶正面

复叶反面

青山水柜

原产地：福建长乐青山下
栽培地：福建长乐，福清渔溪等地
种质类型：地方品种
成熟期：7 月上旬
单果质量：9.692 g
单果纵径：23.840 mm
单果横径：24.700 mm
单果侧径：23.995 mm
种子质量：1.990 g
种子纵径：14.194 mm
种子横径：14.535 mm
种子侧径：13.088 mm
果皮厚度：1.032 mm
果皮质量：1.642 g
果肉质量：6.060 g
可溶性固形物含量：19.88%
可食率：62.53%
果实整齐度：好
果实形状：扁圆形
果肩形状：双肩平
果顶形状：浑圆
果皮颜色：黄褐色
果皮龟裂纹：不明显
果皮龟裂片形状：隆起
果皮放射纹：不明显
果皮疣状突起：不明显
果皮光滑度：较光滑
内果皮颜色：浅白褐色
果肉颜色：蜡白色 / 乳白色
果肉香味：弱
果肉质地：软韧
果肉流汁情况：轻度流汁
汁液量：中
果肉透明度：半透明
果肉化渣程度：略带渣
果实香气：微香
离核难易：难
种子大小：中
种子形状：近圆形
种脐大小：中
种皮颜色：漆黑色
种皮光滑度：光滑
种子顶面观：近圆形
树姿：开张
小叶对数：5 对
小叶着生方式：对生
小叶形状：长椭圆形
小叶叶面形态：浅内卷
小叶叶面皱褶：有
小叶叶尖形状：渐尖
小叶叶基形状：短楔形
小叶叶缘波状：强
小叶叶缘缺刻：无
叶面颜色：绿色
叶面光泽度：弱

树

果穗

果实

花穗

幼叶正面

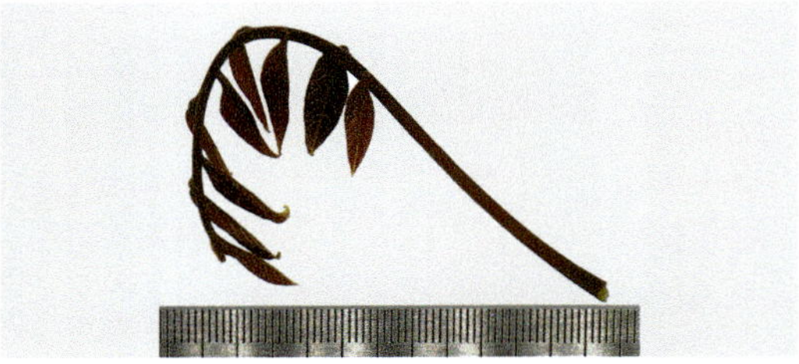

幼叶反面

小叶正面

小叶反面

复叶正面

复叶反面

北乾焦核

原产地：福建莆田华亭
栽培地：福建莆田
种质类型：地方品种
成熟期：7 月上旬
单果质量：11.936 g
单果纵径：26.768 mm
单果横径：27.397 mm
单果侧径：26.281 mm
种子质量：2.092 g
种子纵径：16.369 mm
种子横径：16.277 mm
种子侧径：14.423 mm
果皮厚度：0.950 mm
果皮质量：2.017 g
果肉质量：7.827 g
可溶性固形物含量：20.12%
可食率：65.58%
果实整齐度：好
果实形状：心形
果肩形状：双肩微隆
果顶形状：圆形
果皮颜色：黄褐色
果皮龟裂纹：明显
果皮龟裂片形状：隆起
果皮放射纹：较明显
果皮疣状突起：较明显
果皮光滑度：较粗糙
内果皮颜色：浅白褐色
果肉颜色：蜡黄色
果肉香味：弱
果肉质地：爽脆
果肉流汁情况：轻度流汁
汁液量：中
果肉透明度：半透明
果肉化渣程度：略带渣
果实香气：微香
离核难易：易
种子大小：大
种子形状：扁圆形
种脐大小：大
种皮颜色：赤褐色
种皮光滑度：较光滑
种子顶面观：近圆形
树姿：开张
小叶对数：4～5 对
小叶着生方式：对生
小叶形状：长椭圆形
小叶叶面形态：浅外卷
小叶叶面皱褶：无
小叶叶尖形状：渐尖
小叶叶基形状：短楔形
小叶叶缘波状：弱
小叶叶缘缺刻：无
叶面颜色：绿色
叶面光泽度：中

树

果穗

果实

花穗

幼叶正面

幼叶反面

小叶正面

小叶反面

复叶正面

复叶反面

青龙 78–2–1

原产地：广西龙州
种质类型：选育品种（实生选种）
成熟期：7 月中旬
单果质量：7.878 g
单果纵径：23.049 mm
单果横径：24.803 mm
单果侧径：23.234 mm
种子质量：1.287 g
种子纵径：13.301 mm
种子横径：12.973 mm
种子侧径：11.548 mm
果皮厚度：0.918 mm
果皮质量：1.311 g
果肉质量：5.280 g
可溶性固形物含量：22.01%
可食率：67.02%
果实整齐度：好
果实形状：心形
果肩形状：双肩平
果顶形状：钝圆
果皮颜色：黄褐色
果皮龟裂纹：不明显
果皮龟裂片形状：平滑
果皮放射纹：较明显
果皮疣状突起：不明显
果皮光滑度：较光滑
内果皮颜色：浅白褐色
果肉颜色：蜡黄色
果肉香味：弱
果肉质地：爽脆
果肉流汁情况：无
汁液量：少
果肉透明度：半透明
果肉化渣程度：略带渣
果实香气：微香
离核难易：易
种子大小：小
种子形状：椭圆形
种脐大小：中
种皮颜色：红褐色
种皮光滑度：较光滑
种子顶面观：椭圆形
树姿：开张
小叶对数：4 对
小叶着生方式：对生
小叶形状：长椭圆形
小叶叶面形态：深内卷
小叶叶面皱褶：无
小叶叶尖形状：渐尖
小叶叶基形状：短楔形
小叶叶缘波状：中
小叶叶缘缺刻：无
叶面颜色：深绿色
叶面光泽度：中

树

果穗

果实

花穗

幼叶正面

幼叶反面

小叶正面

小叶反面

复叶正面

复叶反面

血丝龙眼

原产地：福建仙游
栽培地：福建仙游
种质类型：地方品种
成熟期：7月上旬
单果质量：11.366 g
单果纵径：25.463 mm
单果横径：28.308 mm
单果侧径：25.784 mm
种子质量：2.373 g
种子纵径：17.467 mm
种子横径：16.567 mm
种子侧径：14.049 mm
果皮厚度：1.056 mm
果皮质量：2.166 g
果肉质量：6.827 g
可溶性固形物含量：21.86%
可食率：60.07%
果实整齐度：好
果实形状：扁圆形
果肩形状：一平一隆
果顶形状：钝圆
果皮颜色：黄褐色
果皮龟裂纹：明显
果皮龟裂片形状：平滑
果皮放射纹：不明显
果皮瘤状突起：较明显
果皮光滑度：较粗糙
内果皮颜色：浅白褐色
果肉颜色：蜡黄色
果肉香味：中
果肉质地：爽脆
果肉流汁情况：轻度流汁
汁液量：少
果肉透明度：不透明
果肉化渣程度：略带渣
果实香气：无
离核难易：较易
种子大小：大
种子形状：扁圆形
种脐大小：中
种皮颜色：赤褐色
种皮光滑度：光滑
种子顶面观：近圆形
树姿：开张
小叶对数：4对
小叶着生方式：互生
小叶形状：长椭圆形
小叶叶面形态：平展
小叶叶面皱褶：无
小叶叶尖形状：渐尖
小叶叶基形状：短楔形
小叶叶缘波状：强
小叶叶缘缺刻：无
叶面颜色：绿色
叶面光泽度：弱

树

果穗

果实

花穗

幼叶正面

幼叶反面

小叶正面

小叶反面

复叶正面

复叶反面

南湖焦核

原产地：不详
成熟期：7 月中下旬
单果质量：12.574 g
单果纵径：28.135 mm
单果横径：27.928 mm
单果侧径：26.894 mm
种子质量：2.477 g
种子纵径：17.670 mm
种子横径：16.411 mm
种子侧径：14.144 mm
果皮厚度：1.057 mm
果皮质量：2.245 g
果肉质量：7.852 g
可溶性固形物含量：20.32%
可食率：62.40%
果实整齐度：好
果实形状：近圆形
果肩形状：双肩平
果顶形状：圆形
果皮颜色：黄褐色
果皮龟裂纹：不明显
果皮龟裂片形状：平滑
果皮放射纹：较明显
果皮疣状突起：不明显
果皮光滑度：较光滑
内果皮颜色：白色
果肉颜色：乳白色
果肉香味：弱
果肉质地：爽脆
果肉流汁情况：无
汁液量：少
果肉透明度：半透明
果肉化渣程度：略带渣
果实香气：微香
离核难易：较易
种子大小：大
种子形状：扁圆形
种脐大小：小
种皮颜色：深褐色
种皮光滑度：光滑
种子顶面观：椭圆形
树姿：开张
小叶对数：4～5 对
小叶着生方式：对生
小叶形状：长椭圆形
小叶叶面形态：浅内卷
小叶叶面皱褶：无
小叶叶尖形状：渐尖
小叶叶基形状：短楔形
小叶叶缘波状：中
小叶叶缘缺刻：无
叶面颜色：深绿色
叶面光泽度：弱

树

果穗

果实

花穗

幼叶正面

幼叶反面

小叶正面

小叶反面

复叶正面

复叶反面

西埔本

原产地：福建仙游
栽培地：福建仙游，古店、梅塘一带栽培较多
种质类型：地方品种
成熟期：7 月中下旬
单果质量：9.987 g
单果纵径：25.331 mm
单果横径：26.606 mm
单果侧径：24.815 mm
种子质量：1.556 g
种子纵径：14.145 mm
种子横径：13.498 mm
种子侧径：12.230 mm
果皮厚度：1.041 mm
果皮质量：1.858 g
果肉质量：6.573 g
可溶性固形物含量：20.97%
可食率：65.82%
果实整齐度：好
果实形状：扁圆形 / 心形
果肩形状：双肩平 / 双肩微隆
果顶形状：钝圆
果皮颜色：黄褐色
果皮龟裂纹：较明显
果皮龟裂片形状：微凹
果皮放射纹：较明显
果皮瘤状突起：不明显
果皮光滑度：光滑
内果皮颜色：浅白褐色
果肉颜色：蜡白色
果肉香味：无
果肉质地：爽脆
果肉流汁情况：无
汁液量：少
果肉透明度：半透明
果肉化渣程度：略带渣
果实香气：无
离核难易：易
种子大小：小
种子形状：近圆形
种脐大小：中
种皮颜色：赤褐色
种皮光滑度：较光滑
种子顶面观：椭圆形
树姿：开张
小叶对数：4 对
小叶着生方式：对生
小叶形状：长椭圆形
小叶叶面形态：浅内卷
小叶叶面皱褶：无
小叶叶尖形状：渐尖
小叶叶基形状：短楔形
小叶叶缘波状：强
小叶叶缘缺刻：无
叶面颜色：深绿色
叶面光泽度：弱

树

果穗

果实

花穗

幼叶正面

幼叶反面

小叶正面

小叶反面

复叶正面

复叶反面

磁灶早白

原产地：福建晋江磁灶
栽培地：福建晋江
种质类型：地方品种
成熟期：7 月中下旬
单果质量：9.941 g
单果纵径：25.377 mm
单果横径：26.065 mm
单果侧径：25.389 mm
种子质量：2.135 g
种子纵径：14.938 mm
种子横径：15.447 mm
种子侧径：12.707 mm
果皮厚度：0.964 mm
果皮质量：1.517 g
果肉质量：6.289 g
可溶性固形物含量：18.10%
可食率：63.27%
果实整齐度：好
果实形状：近圆形
果肩形状：双肩平
果顶形状：圆形
果皮颜色：黄褐色
果皮龟裂纹：明显
果皮龟裂片形状：隆起
果皮放射纹：明显
果皮疣状突起：明显
果皮光滑度：较光滑
内果皮颜色：浅白褐色
果肉颜色：乳白色 / 蜡白色
果肉香味：弱
果肉质地：爽脆
果肉流汁情况：轻度流汁
汁液量：中
果肉透明度：不透明
果肉化渣程度：略带渣
果实香气：微香
离核难易：易
种子大小：大
种子形状：扁圆形
种脐大小：大
种皮颜色：漆黑色
种皮光滑度：较光滑
种子顶面观：近圆形
树姿：开张
小叶对数：4 对
小叶着生方式：互生
小叶形状：长椭圆形
小叶叶面形态：浅内卷
小叶叶面皱褶：无
小叶叶尖形状：渐尖
小叶叶基形状：短楔形
小叶叶缘波状：弱
小叶叶缘缺刻：无
叶面颜色：绿色
叶面光泽度：弱

树

果穗

果实

花穗

幼叶正面

幼叶反面

小叶正面

小叶反面

复叶正面

复叶反面

桂花味

原产地：福建同安
栽培地：福建同安
种质类型：地方品种
成熟期：7 月中旬
单果质量：11.870 g
单果纵径：25.665 mm
单果横径：28.101 mm
单果侧径：25.536 mm
种子质量：2.033 g
种子纵径：15.522 mm
种子横径：15.889 mm
种子侧径：12.903 mm
果皮厚度：1.011 mm
果皮质量：1.967 g
果肉质量：7.870 g
可溶性固形物含量：21.52%
可食率：66.30%
果实整齐度：好
果实形状：近圆形
果肩形状：一平一隆
果顶形状：圆形
果皮颜色：黄褐色
果皮龟裂纹：不明显
果皮龟裂片形状：平滑
果皮放射纹：明显
果皮疣状突起：明显
果皮光滑度：较粗糙
内果皮颜色：浅白褐色
果肉颜色：蜡黄色
果肉香味：中
果肉质地：爽脆
果肉流汁情况：无
汁液量：少
果肉透明度：半透明
果肉化渣程度：略带渣
果实香气：微香
离核难易：较易
种子大小：中
种子形状：扁圆形
种脐大小：中
种皮颜色：紫黑色
种皮光滑度：较光滑
种子顶面观：椭圆形
树姿：开张
小叶对数：4～5 对
小叶着生方式：对生 / 近对生
小叶形状：长椭圆形
小叶叶面形态：深内卷
小叶叶面皱褶：无
小叶叶尖形状：渐尖
小叶叶基形状：短楔形
小叶叶缘波状：强
小叶叶缘缺刻：无
叶面颜色：绿色
叶面光泽度：弱

树

果穗

果实

花穗

幼叶正面

幼叶反面

小叶正面

小叶反面

复叶正面

复叶反面

红坊

原产地：福建莆田秋芦一带
栽培地：福建莆田
种质类型：地方品种
成熟期：7 月上旬
单果质量：11.163 g
单果纵径：25.231 mm
单果横径：26.443 mm
单果侧径：24.854 mm
种子质量：2.141 g
种子纵径：15.371 mm
种子横径：15.459 mm
种子侧径：14.236 mm
果皮厚度：0.747 mm
果皮质量：1.672 g
果肉质量：7.350 g
可溶性固形物含量：20.22%
可食率：65.84%
果实整齐度：好
果实形状：近圆形
果肩形状：双肩平
果顶形状：圆形
果皮颜色：黄褐色
果皮龟裂纹：不明显
果皮龟裂片形状：平滑
果皮放射纹：较明显
果皮瘤状突起：不明显
果皮光滑度：较光滑
内果皮颜色：淡白褐色
果肉颜色：蜡白色
果肉香味：弱
果肉质地：软韧
果肉流汁情况：轻度流汁
汁液量：多
果肉透明度：半透明
果肉化渣程度：化渣
果实香气：无
离核难易：难
种子大小：中
种子形状：扁圆形
种脐大小：大
种皮颜色：紫黑色
种皮光滑度：较光滑
种子顶面观：近圆形
树姿：开张
小叶对数：4 对
小叶着生方式：对生
小叶形状：长椭圆形
小叶叶面形态：浅内卷
小叶叶面皱褶：无
小叶叶尖形状：急尖
小叶叶基形状：短楔形
小叶叶缘波状：中
小叶叶缘缺刻：无
叶面颜色：绿色
叶面光泽度：中

树

果穗

果实

花穗

幼叶正面

幼叶反面

小叶正面

小叶反面

复叶正面

复叶反面

Lee

原产地：广西龙州
成熟期：7 月上旬
单果质量：9.907 g
单果纵径：24.194 mm
单果横径：26.176 mm
单果侧径：24.240 mm
种子质量：1.880 g
种子纵径：14.911 mm
种子横径：14.586 mm
种子侧径：12.136 mm
果皮厚度：0.724 mm
果皮质量：1.711 g
果肉质量：6.316 g
可溶性固形物含量：21.95%
可食率：63.80%
果实整齐度：好
果实形状：扁圆形
果肩形状：双肩微隆
果顶形状：圆形
果皮颜色：黄褐色
果皮龟裂纹：不明显
果皮龟裂片形状：隆起
果皮放射纹：较明显
果皮疣状突起：较明显
果皮光滑度：较粗糙
内果皮颜色：浅白褐色
果肉颜色：乳白色
果肉香味：无
果肉质地：爽脆
果肉流汁情况：重度流汁
汁液量：多
果肉透明度：半透明
果肉化渣程度：略带渣
果实香气：微香
离核难易：易
种子大小：中
种子形状：近圆形
种脐大小：小
种皮颜色：紫黑色
种皮光滑度：较光滑
种子顶面观：近圆形
树姿：开张
小叶对数：4～6 对
小叶着生方式：对生
小叶形状：长椭圆形
小叶叶面形态：浅内卷
小叶叶面皱褶：无
小叶叶尖形状：渐尖
小叶叶基形状：短楔形
小叶叶缘波状：弱
小叶叶缘缺刻：无
叶面颜色：深绿色
叶面光泽度：中

树

果穗

果实

花穗

幼叶正面

幼叶反面

小叶正面

小叶反面

复叶正面

复叶反面

薛庄本

原产地：福建仙游
栽培地：福建仙游、莆田
种质类型：地方品种
成熟期：7 月中旬
单果质量：11.097 g
单果纵径：26.544 mm
单果横径：27.382 mm
单果侧径：25.847 mm
种子质量：2.123 g
种子纵径：16.826 mm
种子横径：15.877 mm
种子侧径：12.824 mm
果皮厚度：0.892 mm
果皮质量：1.937 g
果肉质量：7.037 g
可溶性固形物含量：22.74%
可食率：63.40%
果实整齐度：好
果实形状：近圆形
果肩形状：双肩平
果顶形状：浙圆
果皮颜色：黄褐色
果皮龟裂纹：不明显
果皮龟裂片形状：平滑
果皮放射纹：明显
果皮瘤状突起：明显
果皮光滑度：较粗糙
内果皮颜色：浅白褐色
果肉颜色：乳白色
果肉香味：中
果肉质地：软韧
果肉流汁情况：轻度流汁
汁液量：中
果肉透明度：半透明
果肉化渣程度：略带渣
果实香气：微香
离核难易：较易
种子大小：大
种子形状：扁圆形
种脐大小：中
种皮颜色：紫黑色
种皮光滑度：较光滑
种子顶面观：椭圆形
树姿：开张
小叶对数：4 对
小叶着生方式：对生
小叶形状：长椭圆形
小叶叶面形态：深外卷
小叶叶面皱褶：无
小叶叶尖形状：渐尖
小叶叶基形状：短楔形
小叶叶缘波状：强
小叶叶缘缺刻：无
叶面颜色：浅绿色
叶面光泽度：弱

树

果穗

果实

花穗

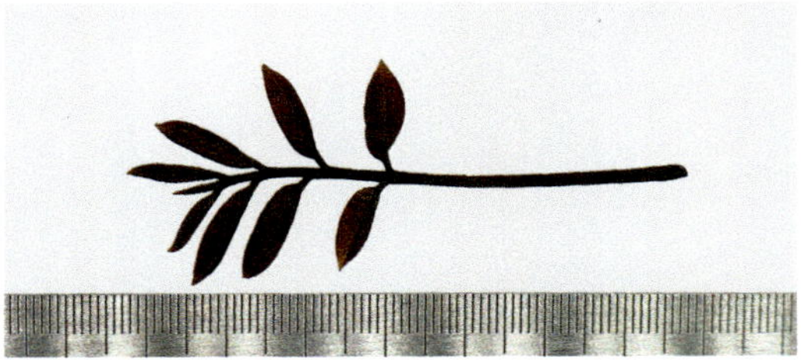

幼叶正面

幼叶反面

小叶正面

小叶反面

复叶正面

复叶反面

草灰本

原产地：福建福州
种质类型：地方品种
成熟期：7 月中下旬
单果质量：8.478 g
单果纵径：25.205 mm
单果横径：26.226 mm
单果侧径：25.501 mm
种子质量：1.821 g
种子纵径：14.827 mm
种子横径：14.936 mm
种子侧径：12.545 mm
果皮厚度：0.813 mm
果皮质量：1.991 g
果肉质量：4.666 g
可溶性固形物含量：19.29%
可食率：60.93%
果实整齐度：好
果实形状：近圆形
果肩形状：双肩平
果顶形状：圆形
果皮颜色：黄褐色
果皮龟裂纹：明显
果皮龟裂片形状：隆起
果皮放射纹：明显
果皮疣状突起：明显
果皮光滑度：较粗糙
内果皮颜色：浅白褐色
果肉颜色：蜡白色
果肉香味：弱
果肉质地：爽脆
果肉流汁情况：轻度流汁
汁液量：中
果肉透明度：半透明
果肉化渣程度：略带渣
果实香气：微香
离核难易：难
种子大小：中
种子形状：扁圆形
种脐大小：中
种皮颜色：深褐色
种皮光滑度：较光滑
种子顶面观：椭圆形
树姿：开张
小叶对数：4～5 对
小叶着生方式：对生
小叶形状：长椭圆形
小叶叶面形态：浅内卷
小叶叶面皱褶：无
小叶叶尖形状：渐尖
小叶叶基形状：短楔形
小叶叶缘波状：弱
小叶叶缘缺刻：无
叶面颜色：浅绿色
叶面光泽度：弱

树

果穗

果实

花穗

幼叶正面

幼叶反面

小叶正面

小叶反面

复叶正面

复叶反面

八一早

原产地：福建同安
栽培地：福建各产区
种质类型：地方品种
成熟期：7 月上旬
单果质量：11.666 g
单果纵径：25.588 mm
单果横径：27.240 mm
单果侧径：24.756 mm
种子质量：2.156 g
种子纵径：15.569 mm
种子横径：14.829 mm
种子侧径：12.633 mm
果皮厚度：0.763 mm
果皮质量：1.873 g
果肉质量：7.637 g
可溶性固形物含量：21.09%
可食率：65.46%
果实整齐度：好
果实形状：心形
果肩形状：双肩微隆
果顶形状：浑圆
果皮颜色：黄褐色
果皮龟裂纹：不明显
果皮龟裂片形状：平滑
果皮放射纹：较明显
果皮疣状突起：不明显
果皮光滑度：粗糙
内果皮颜色：浅白褐色
果肉颜色：乳白色
果肉香味：中
果肉质地：软韧
果肉流汁情况：轻度流汁
汁液量：多
果肉透明度：半透明
果肉化渣程度：略带渣
果实香气：微香
离核难易：易
种子大小：大
种子形状：扁圆形
种脐大小：大
种皮颜色：赤褐色
种皮光滑度：较光滑
种子顶面观：椭圆形
树姿：开张
小叶对数：4～5 对
小叶着生方式：对生 / 近对生
小叶形状：长椭圆形
小叶叶面形态：浅外卷
小叶叶面皱褶：无
小叶叶尖形状：渐尖
小叶叶基形状：短楔形
小叶叶缘波状：中
小叶叶缘缺刻：无
叶面颜色：绿色
叶面光泽度：中

树

果穗

果实

花穗

幼叶正面

幼叶反面

小叶正面

小叶反面

复叶正面

复叶反面

郊滨早熟

原产地：不详
成熟期：7 月上旬
单果质量：10.425 g
单果纵径：24.912 mm
单果横径：27.159 mm
单果侧径：24.734 mm
种子质量：2.044 g
种子纵径：14.872 mm
种子横径：15.306 mm
种子侧径：14.486 mm
果皮厚度：1.056 mm
果皮质量：1.845 g
果肉质量：6.536 g
可溶性固形物含量：22.38%
可食率：62.70%
果实整齐度：好
果实形状：近圆形
果肩形状：双肩平
果顶形状：浑圆
果皮颜色：黄褐色
果皮龟裂纹：不明显
果皮龟裂片形状：平滑
果皮放射纹：较明显
果皮疣状突起：较明显
果皮光滑度：较粗糙
内果皮颜色：浅白褐色
果肉颜色：蜡白色
果肉香味：中
果肉质地：软韧
果肉流汁情况：轻度流汁
汁液量：多
果肉透明度：不透明
果肉化渣程度：略带渣
果实香气：浓香
离核难易：较易
种子大小：中
种子形状：扁圆形
种脐大小：中
种皮颜色：漆黑色
种皮光滑度：光滑
种子顶面观：椭圆形
树姿：开张
小叶对数：4～5 对
小叶着生方式：对生 / 近对生
小叶形状：长椭圆形
小叶叶面形态：浅内卷
小叶叶面皱褶：有
小叶叶尖形状：渐尖
小叶叶基形状：短楔形
小叶叶缘波状：弱
小叶叶缘缺刻：无
叶面颜色：绿色
叶面光泽度：弱

树

果穗

果实

花穗

幼叶正面

幼叶反面

小叶正面

小叶反面

复叶正面

复叶反面

八月鲜

原产地：四川泸州
栽培地：四川泸县等地
种质类型：选育品种（实生选育）
成熟期：7 月上旬
单果质量：11.871 g
单果纵径：26.416 mm
单果横径：27.627 mm
单果侧径：25.977 mm
种子质量：2.002 g
种子纵径：15.755 mm
种子横径：15.299 mm
种子侧径：13.341 mm
果皮厚度：1.053 mm
果皮质量：2.419 g
果肉质量：7.450 g
可溶性固形物含量：20.06%
可食率：62.76%
果实整齐度：好
果实形状：近圆形
果肩形状：双肩平
果顶形状：圆形
果皮颜色：黄褐色
果皮龟裂纹：明显
果皮龟裂片形状：隆起
果皮放射纹：较明显
果皮疣状突起：较明显
果皮光滑度：较粗糙
内果皮颜色：浅白褐色
果肉颜色：乳白色
果肉香味：弱
果肉质地：软韧
果肉流汁情况：轻度流汁
汁液量：中
果肉透明度：半透明
果肉化渣程度：略带渣
果实香气：微香
离核难易：易
种子大小：中
种子形状：近圆形
种脐大小：小
种皮颜色：漆黑色
种皮光滑度：较光滑
种子顶面观：椭圆形
树姿：开张
小叶对数：5～6 对
小叶着生方式：对生
小叶形状：长椭圆形
小叶叶面形态：浅内卷
小叶叶面皱褶：无
小叶叶尖形状：渐尖
小叶叶基形状：短楔形
小叶叶缘波状：强
小叶叶缘缺刻：无
叶面颜色：绿色
叶面光泽度：中

树

果穗

果实

花穗

幼叶正面

幼叶反面

小叶正面

小叶反面

复叶正面

复叶反面

白壳早

原产地：福建同安
栽培地：福建同安、三明、五联
种质类型：地方品种
成熟期：7 月上旬
单果质量：14.037 g
单果纵径：28.408 mm
单果横径：29.476 mm
单果侧径：27.796 mm
种子质量：2.434 g
种子纵径：16.934 mm
种子横径：15.953 mm
种子侧径：13.449 mm
果皮厚度：0.780 mm
果皮质量：2.570 g
果肉质量：9.033 g
可溶性固形物含量：19.97%
可食率：64.35%
果实整齐度：好
果实形状：扁圆形
果肩形状：双肩平
果顶形状：钝圆
果皮颜色：黄褐色
果皮龟裂纹：明显
果皮龟裂片形状：隆起
果皮放射纹：明显
果皮疣状突起：明显
果皮光滑度：较粗糙
内果皮颜色：浅白褐色
果肉颜色：蜡白色
果肉香味：弱
果肉质地：软韧
果肉流汁情况：轻度流汁
汁液量：多
果肉透明度：半透明
果肉化渣程度：略带渣
果实香气：微香
离核难易：难
种子大小：大
种子形状：扁圆形
种脐大小：小
种皮颜色：漆黑色
种皮光滑度：较光滑
种子顶面观：椭圆形
树姿：开张
小叶对数：4～5 对
小叶着生方式：对生
小叶形状：长椭圆形
小叶叶面形态：浅外卷
小叶叶面皱褶：无
小叶叶尖形状：渐尖
小叶叶基形状：短楔形
小叶叶缘波状：中
小叶叶缘缺刻：无
叶面颜色：绿色
叶面光泽度：中

树

果穗

果实

花穗

幼叶正面

幼叶反面

小叶正面

小叶反面

复叶正面

复叶反面

中优1号

原产地：四川纳溪
栽培地：四川
种质类型：地方品种
成熟期：7月上旬
单果质量：12.411 g
单果纵径：27.519 mm
单果横径：28.753 mm
单果侧径：27.397 mm
种子质量：1.864 g
种子纵径：15.487 mm
种子横径：14.968 mm
种子侧径：12.969 mm
果皮厚度：1.479 mm
果皮质量：3.036 g
果肉质量：7.511 g
可溶性固形物含量：17.57%
可食率：60.52%
果实整齐度：好
果实形状：近圆形
果肩形状：双肩平
果顶形状：圆形
果皮颜色：棕褐色
果皮龟裂纹：明显
果皮龟裂片形状：隆起
果皮放射纹：不明显
果皮疣状突起：不明显
果皮光滑度：较粗糙
内果皮颜色：浅白褐色
果肉颜色：蜡黄色
果肉香味：弱
果肉质地：爽脆
果肉流汁情况：轻度流汁
汁液量：多
果肉透明度：不透明
果肉化渣程度：化渣
果实香气：无
离核难易：易
种子大小：中
种子形状：扁圆形
种脐大小：中
种皮颜色：赤褐色
种皮光滑度：较光滑
种子顶面观：椭圆形
树姿：开张
小叶对数：4～5对
小叶着生方式：对生 / 近对生
小叶形状：长椭圆形
小叶叶面形态：浅外卷
小叶叶面皱褶：无
小叶叶尖形状：渐尖
小叶叶基形状：短楔形
小叶叶缘波状：弱
小叶叶缘缺刻：无
叶面颜色：绿色
叶面光泽度：中

树

果穗

果实

花穗

幼叶正面

幼叶反面

小叶正面

小叶反面

复叶正面

复叶反面

南山 1 号

原产地：广西南宁
成熟期：7 月上旬
单果质量：9.854 g
单果纵径：24.677 mm
单果横径：25.111 mm
单果侧径：24.549 mm
种子质量：2.110 g
种子纵径：15.591 mm
种子横径：15.150 mm
种子侧径：13.321 mm
果皮厚度：0.985 mm
果皮质量：1.677 g
果肉质量：6.067 g
可溶性固形物含量：20.80%
可食率：61.57%
果实整齐度：中
果实形状：近圆形
果肩形状：一斜一隆
果顶形状：钝圆
果皮颜色：黄褐色
果皮龟裂纹：较明显
果皮龟裂片形状：平滑
果皮放射纹：较明显
果皮疣状突起：较明显
果皮光滑度：较光滑
内果皮颜色：白色
果肉颜色：乳白色
果肉香味：中
果肉质地：软韧
果肉流汁情况：无
汁液量：少
果肉透明度：半透明
果肉化渣程度：略带渣
果实香气：微香
离核难易：易
种子大小：中
种子形状：扁圆形
种脐大小：大
种皮颜色：深褐色
种皮光滑度：光滑
种子顶面观：椭圆形
树姿：开张
小叶对数：4 对
小叶着生方式：对生
小叶形状：长椭圆形
小叶叶面形态：平展
小叶叶面皱褶：有
小叶叶尖形状：渐尖
小叶叶基形状：短楔形
小叶叶缘波状：弱
小叶叶缘缺刻：无
叶面颜色：绿色
叶面光泽度：弱

树

果穗

果实

花穗

幼叶正面

幼叶反面

小叶正面

小叶反面

复叶正面

复叶反面

双孖木

原产地：广东高州
栽培地：广东高州、雷州半岛、廉江及惠阳地区
种质类型：地方品种
成熟期：7 月中旬
单果质量：11.444 g
单果纵径：26.539 mm
单果横径：28.377 mm
单果侧径：27.853 mm
种子质量：2.010 g
种子纵径：16.451 mm
种子横径：14.953 mm
种子侧径：16.452 mm
果皮厚度：0.629 mm
果皮质量：1.637 g
果肉质量：7.797 g
可溶性固形物含量：21.05%
可食率：68.13%
果实整齐度：好
果实形状：近圆形
果肩形状：双肩平
果顶形状：钝圆
果皮颜色：黄褐色
果皮龟裂纹：明显
果皮龟裂片形状：隆起
果皮放射纹：较明显
果皮疣状突起：较明显
果皮光滑度：粗糙
内果皮颜色：浅白褐色
果肉颜色：蜡黄色
果肉香味：强
果肉质地：爽脆
果肉流汁情况：无
汁液量：少
果肉透明度：半透明
果肉化渣程度：略带渣
果实香气：浓香
离核难易：易
种子大小：大
种子形状：扁圆形
种脐大小：中
种皮颜色：紫黑色
种皮光滑度：光滑
种子顶面观：椭圆形
树姿：开张
小叶对数：5～6 对
小叶着生方式：近对生
小叶形状：长椭圆形
小叶叶面形态：平展
小叶叶面皱褶：有
小叶叶尖形状：渐尖
小叶叶基形状：短楔形
小叶叶缘波状：弱
小叶叶缘缺刻：无
叶面颜色：绿色
叶面光泽度：中

树

果穗

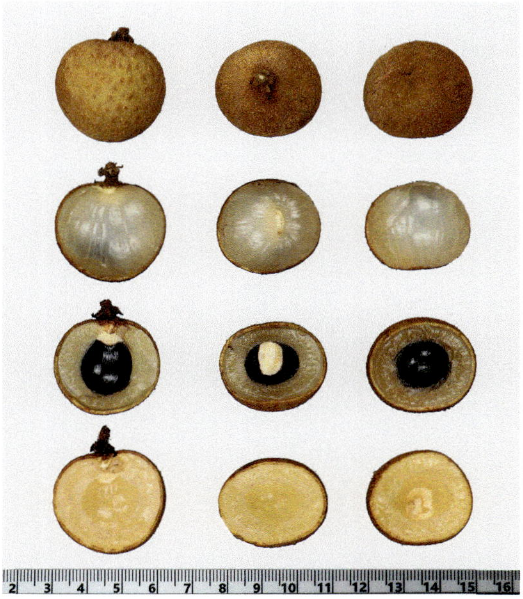

果实

花穗

幼叶正面

幼叶反面

小叶正面

小叶反面

复叶正面

复叶反面

荔枝叶

原产地：广东广州
种质类型：地方品种
成熟期：7 月中旬
单果质量：7.895 g
单果纵径：22.752 mm
单果横径：24.928 mm
单果侧径：23.005 mm
种子质量：1.235 g
种子纵径：13.109 mm
种子横径：13.455 mm
种子侧径：11.773 mm
果皮厚度：0.873 mm
果皮质量：1.251 g
果肉质量：5.409 g
可溶性固形物含量：21.97%
可食率：68.50%
果实整齐度：好
果实形状：扁圆形
果肩形状：双肩平
果顶形状：浑圆
果皮颜色：黄褐色
果皮龟裂纹：不明显
果皮龟裂片形状：平滑
果皮放射纹：较明显
果皮疣状突起：较明显
果皮光滑度：较粗糙
内果皮颜色：浅白褐色
果肉颜色：蜡白色
果肉香味：弱
果肉质地：爽脆
果肉流汁情况：轻度流汁
汁液量：少
果肉透明度：半透明
果肉化渣程度：略带渣
果实香气：微香
离核难易：易
种子大小：小
种子形状：近圆形
种脐大小：中
种皮颜色：紫黑色
种皮光滑度：较光滑
种子顶面观：椭圆形
树姿：开张
小叶对数：4～5 对
小叶着生方式：对生
小叶形状：长椭圆形
小叶叶面形态：深内卷
小叶叶面皱褶：无
小叶叶尖形状：渐尖
小叶叶基形状：短楔形
小叶叶缘波状：中
小叶叶缘缺刻：无
叶面颜色：深绿色
叶面光泽度：中

树

果穗

果实

花穗

幼叶正面

幼叶反面

小叶正面

小叶反面

复叶正面

复叶反面

雅塘乌圆

原产地：广东廉江
栽培地：广东廉江
种质类型：地方品种
成熟期：7 月中旬
单果质量：12.985 g
单果纵径：26.717 mm
单果横径：28.995 mm
单果侧径：27.963 mm
种子质量：2.153 g
种子纵径：14.905 mm
种子横径：15.260 mm
种子侧径：13.273 mm
果皮厚度：0.801 mm
果皮质量：2.074 g
果肉质量：8.758 g
可溶性固形物含量：30.84%
可食率：67.45%
果实整齐度：好
果实形状：扁圆形
果肩形状：双肩平
果顶形状：渐圆
果皮颜色：黄褐色
果皮龟裂纹：不明显
果皮龟裂片形状：平滑
果皮放射纹：不明显
果皮疣状突起：较明显
果皮光滑度：较粗糙
内果皮颜色：浅白褐色
果肉颜色：蜡黄色
果肉香味：中
果肉质地：爽脆
果肉流汁情况：无
汁液量：少
果肉透明度：不透明
果肉化渣程度：不带渣
果实香气：微香
离核难易：易
种子大小：大
种子形状：扁圆形
种脐大小：大
种皮颜色：赤褐色
种皮光滑度：光滑
种子顶面观：椭圆形
树姿：开张
小叶对数：4 对
小叶着生方式：对生
小叶形状：长椭圆形
小叶叶面形态：浅内卷
小叶叶面皱褶：无
小叶叶尖形状：渐尖
小叶叶基形状：短楔形
小叶叶缘波状：弱
小叶叶缘缺刻：无
叶面颜色：绿色
叶面光泽度：中

树

果穗

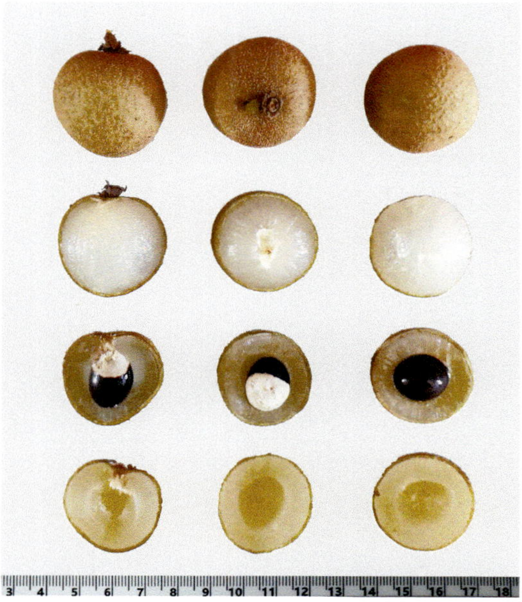

果实

花穗

幼叶正面

幼叶反面

小叶正面

小叶反面

复叶正面

复叶反面

兴旺 1 号

原产地：不详
成熟期：7 月上旬
单果质量：12.665 g
单果纵径：27.587 mm
单果横径：29.082 mm
单果侧径：26.521 mm
种子质量：2.334 g
种子纵径：15.958 mm
种子横径：15.667 mm
种子侧径：12.975 mm
果皮厚度：0.953 mm
果皮质量：2.266 g
果肉质量：8.065 g
可溶性固形物含量：17.70%
可食率：63.68%
果实整齐度：好
果实形状：扁圆形
果肩形状：一平一隆
果顶形状：圆形
果皮颜色：棕褐色
果皮龟裂纹：不明显
果皮龟裂片形状：平滑
果皮放射纹：较明显
果皮疣状突起：明显
果皮光滑度：较粗糙
内果皮颜色：浅白褐色
果肉颜色：乳白色
果肉香味：弱
果肉质地：软韧
果肉流汁情况：无
汁液量：少
果肉透明度：不透明
果肉化渣程度：化渣
果实香气：无
离核难易：较易
种子大小：大
种子形状：扁圆形
种脐大小：中
种皮颜色：紫黑色
种皮光滑度：较光滑
种子顶面观：椭圆形
树姿：开张
小叶对数：4 对
小叶着生方式：互生
小叶形状：长椭圆形
小叶叶面形态：浅外卷
小叶叶面皱褶：无
小叶叶尖形状：渐尖
小叶叶基形状：短楔形
小叶叶缘波状：中
小叶叶缘缺刻：无
叶面颜色：绿色
叶面光泽度：中

树

果穗

果实

花穗

幼叶正面

幼叶反面

小叶正面

小叶反面

复叶正面

复叶反面

立秋本

原产地：不详
成熟期：7 月上旬
单果质量：6.388 g
单果纵径：21.268 mm
单果横径：22.780 mm
单果侧径：21.431 mm
种子质量：1.178 g
种子纵径：12.108 mm
种子横径：12.604 mm
种子侧径：11.124 mm
果皮厚度：0.869 mm
果皮质量：1.108 g
果肉质量：4.102 g
可溶性固形物含量：20.99%
可食率：64.21%
果实整齐度：中
果实形状：扁圆形
果肩形状：双肩平
果顶形状：钝圆
果皮颜色：黄褐色
果皮龟裂纹：不明显
果皮龟裂片形状：平滑
果皮放射纹：不明显
果皮疣状突起：不明显
果皮光滑度：较光滑
内果皮颜色：浅白褐色
果肉颜色：蜡白色
果肉香味：弱
果肉质地：软韧
果肉流汁情况：轻度流汁
汁液量：少
果肉透明度：透明
果肉化渣程度：略带渣
果实香气：微香
离核难易：难
种子大小：小
种子形状：扁圆形
种脐大小：小
种皮颜色：紫黑色
种皮光滑度：较光滑
种子顶面观：椭圆形
树姿：开张
小叶对数：4 对
小叶着生方式：对生
小叶形状：长椭圆形
小叶叶面形态：深内卷
小叶叶面皱褶：有
小叶叶尖形状：渐尖
小叶叶基形状：短楔形
小叶叶缘波状：强
小叶叶缘缺刻：无
叶面颜色：深绿色
叶面光泽度：中

树

果穗

果实

花穗

幼叶正面

幼叶反面

小叶正面

小叶反面

复叶正面

复叶反面

洪武本

原产地：福建福州
种质类型：地方品种
成熟期：7 月上旬
单果质量：13.100 g
单果纵径：26.774 mm
单果横径：29.471 mm
单果侧径：26.329 mm
种子质量：2.044 g
种子纵径：16.060 mm
种子横径：16.285 mm
种子侧径：12.549 mm
果皮厚度：1.029 mm
果皮质量：2.838 g
果肉质量：8.218 g
可溶性固形物含量：20.78%
可食率：62.73%
果实整齐度：好
果实形状：扁圆形
果肩形状：双肩平
果顶形状：圆形
果皮颜色：黄褐色
果皮龟裂纹：不明显
果皮龟裂片形状：平滑
果皮放射纹：不明显
果皮疣状突起：不明显
果皮光滑度：光滑
内果皮颜色：浅白褐色
果肉颜色：蜡黄色
果肉香味：中
果肉质地：软韧
果肉流汁情况：轻度流汁
汁液量：中
果肉透明度：半透明
果肉化渣程度：略带渣
果实香气：微香
离核难易：易
种子大小：中
种子形状：扁圆形
种脐大小：中
种皮颜色：漆黑色
种皮光滑度：光滑
种子顶面观：椭圆形
树姿：开张
小叶对数：5 对
小叶着生方式：对生
小叶形状：长椭圆形
小叶叶面形态：浅内卷
小叶叶面皱褶：无
小叶叶尖形状：渐尖
小叶叶基形状：短楔形
小叶叶缘波状：强
小叶叶缘缺刻：无
叶面颜色：绿色
叶面光泽度：中

树

果穗

果实

花穗

幼叶正面

幼叶反面

小叶正面

小叶反面

复叶正面

复叶反面

脆蜜

原产地：广东广州
种质类型：选育品种（石硖 × 紫娘喜，属间杂交）
成熟期：7 月中旬
单果质量：10.930 g
单果纵径：26.660 mm
单果横径：27.110 mm
单果侧径：25.250 mm
种子质量：1.570 g
种子纵径：15.600 mm
种子横径：14.200 mm
种子侧径：11.980 mm
果皮厚度：0.685 mm
果皮质量：1.790 g
果肉质量：7.570 g
可溶性固形物含量：21.30%
可食率：69.26%
果实整齐度：好
果实形状：扁圆形
果肩形状：双肩平
果顶形状：钝圆
果皮颜色：黄褐色
果皮龟裂纹：明显
果皮龟裂片形状：隆起
果皮放射纹：较明显
果皮疣状突起：明显
果皮光滑度：粗糙
内果皮颜色：浅白褐色
果肉颜色：蜡黄色
果肉香味：弱
果肉质地：爽脆
果肉流汁情况：无
汁液量：中
果肉透明度：不透明
果肉化渣程度：略带渣
果实香气：浓香
离核难易：易
种子大小：小
种子形状：扁圆形
种脐大小：中
种皮颜色：深褐色
种皮光滑度：光滑
种子顶面观：不规则形
树姿：开张
小叶对数：5～7 对
小叶着生方式：对生 / 近对生
小叶形状：长椭圆形
小叶叶面形态：浅内卷
小叶叶面皱褶：无
小叶叶尖形状：渐尖
小叶叶基形状：短楔形
小叶叶缘波状：弱
小叶叶缘缺刻：无
叶面颜色：绿色
叶面光泽度：中

树

果穗

果实

花穗

幼叶正面

幼叶反面

小叶正面

小叶反面

复叶正面

复叶反面

矮丰

原产地：广东广州
种质类型：选育品系（石硖 × 紫娘喜，属间杂交）
成熟期：7 月中旬
单果质量：9.249 g
单果纵径：22.847 mm
单果横径：24.762 mm
单果侧径：23.987 mm
种子质量：1.416 g
种子纵径：14.330 mm
种子横径：13.893 mm
种子侧径：11.963 mm
果皮厚度：0.722 mm
果皮质量：1.275 g
果肉质量：6.558 g
可溶性固形物含量：22.30%
可食率：70.90%
果实整齐度：好
果实形状：近圆形
果肩形状：双肩平
果顶形状：圆形
果皮颜色：黄褐色
果皮龟裂纹：明显
果皮龟裂片形状：平滑
果皮放射纹：较明显
果皮疣状突起：不明显
果皮光滑度：较粗糙
内果皮颜色：浅白褐色
果肉颜色：蜡白色
果肉香味：弱
果肉质地：软韧
果肉流汁情况：轻度流汁
汁液量：中
果肉透明度：半透明
果肉化渣程度：略带渣
果实香气：微香
离核难易：易
种子大小：小
种子形状：扁圆形
种脐大小：中
种皮颜色：深褐色
种皮光滑度：较光滑
种子顶面观：近圆形
树姿：开张
小叶对数：4～5 对
小叶着生方式：对生 / 近对生
小叶形状：长椭圆形
小叶叶面形态：浅内卷
小叶叶面皱褶：无
小叶叶尖形状：渐尖
小叶叶基形状：短楔形
小叶叶缘波状：弱
小叶叶缘缺刻：无
叶面颜色：绿色
叶面光泽度：中

树

果穗

果实

花穗

幼叶正面

幼叶反面

小叶正面

小叶反面

复叶正面

复叶反面

红皮龙眼

原产地：越南
种质类型：引进品种
成熟期：8 月上旬
单果质量：16.100 g
单果纵径：27.602 mm
单果横径：30.966 mm
单果侧径：30.387 mm
种子质量：4.980 g
种子纵径：22.740 mm
种子横径：20.044 mm
种子侧径：18.759 mm
果皮厚度：1.035 mm
果皮质量：3.100 g
果肉质量：8.020 g
可溶性固形物含量：21.90%
可食率：49.81%
果实整齐度：好
果实形状：近圆形
果肩形状：双肩平
果顶形状：浑圆
果皮颜色：深红色
果皮龟裂纹：不明显
果皮龟裂片形状：无
果皮放射纹：不明显
果皮疣状突起：不明显
果皮光滑度：光滑
内果皮颜色：粉红色
果肉颜色：乳白色
果肉香味：强
果肉质地：爽脆
果肉流汁情况：无
汁液量：少
果肉透明度：不透明
果肉化渣程度：化渣
果实香气：特殊香味
离核难易：易
种子大小：大
种子形状：扁圆形
种脐大小：中
种皮颜色：红褐色
种皮光滑度：光滑
种子顶面观：椭圆形
树姿：开张
小叶对数：4～5 对
小叶着生方式：对生 / 近对生
小叶形状：长椭圆形
小叶叶面形态：浅内卷
小叶叶面皱褶：无
小叶叶尖形状：渐尖 / 钝尖
小叶叶基形状：短楔形
小叶叶缘波状：弱
小叶叶缘缺刻：无
叶面颜色：深红色 / 深红带绿色
叶面光泽度：弱

树

果穗

果实

花穗

幼叶正面

幼叶反面

小叶正面

小叶反面

复叶正面

复叶反面

裂叶龙眼

原产地：海南海口
种质类型：野生资源
成熟期：7 月中旬
单果质量：8.870 g
单果纵径：23.146 mm
单果横径：25.551 mm
单果侧径：23.532 mm
种子质量：2.110 g
种子纵径：15.126 mm
种子横径：15.796 mm
种子侧径：13.146 mm
果皮厚度：0.422 mm
果皮质量：1.150 g
果肉质量：5.610 g
可溶性固形物含量：24.52%
可食率：63.25%
果实整齐度：好
果实形状：扁圆形
果肩形状：双肩平
果顶形状：渐圆
果皮颜色：黄褐色
果皮龟裂纹：不明显
果皮龟裂片形状：平滑
果皮放射纹：较明显
果皮疣状突起：不明显
果皮光滑度：较粗糙
内果皮颜色：浅白褐色
果肉颜色：蜡白色
果肉香味：中
果肉质地：爽脆
果肉流汁情况：轻度流汁
汁液量：中
果肉透明度：半透明
果肉化渣程度：化渣
果实香气：特殊香味
离核难易：易
种子大小：大
种子形状：扁圆形
种脐大小：中
种皮颜色：深褐色
种皮光滑度：光滑
种子顶面观：椭圆形
树姿：开张
小叶对数：5 对
小叶着生方式：对生
小叶形状：披针形
小叶叶面形态：平展
小叶叶面皱褶：无
小叶叶尖形状：长渐尖
小叶叶基形状：楔形
小叶叶缘波状：弱
小叶叶缘缺刻：有
叶面颜色：深绿色
叶面光泽度：弱

树

果穗

果实

花穗

幼叶正面

幼叶反面

小叶正面

小叶反面

复叶正面

复叶反面

大蜀 27 号

种质类型：种间杂交单株
成熟期：7 月上旬
单果质量：12.865 g
单果纵径：28.209 mm
单果横径：29.469 mm
单果侧径：26.027 mm
种子质量：2.019 g
种子纵径：15.919 mm
种子横径：14.679 mm
种子侧径：12.094 mm
果皮厚度：0.851 mm
果皮质量：2.331 g
果肉质量：8.515 g
可溶性固形物含量：22.04%
可食率：66.19%
果实整齐度：中
果实形状：扁圆形 / 心形
果肩形状：双肩微隆
果顶形状：钝圆
果皮颜色：黄褐色
果皮龟裂纹：明显
果皮龟裂片形状：平滑
果皮放射纹：明显
果皮疣状突起：不明显
果皮光滑度：较粗糙
内果皮颜色：白色
果肉颜色：蜡白色
果肉香味：强
果肉质地：爽脆
果肉流汁程度：无
汁液量：中
果肉透明度：不透明
果肉化渣程度：略带渣
果实香气：浓香
离核难易：易
种子大小：大
种子形状：近圆形
种脐大小：大
种皮颜色：赤褐色
种皮光滑度：光滑
种子顶面观：近圆形
树姿：半开张
小叶对数：4 对
小叶着生方式：对生 / 近对生
小叶形状：长椭圆形
小叶叶面形态：浅内卷
小叶叶面皱褶：无
小叶叶尖形状：渐尖
小叶叶基形状：短楔形
小叶叶缘波状：中
小叶叶缘缺刻：无
叶面颜色：深绿色
叶面光泽度：强

树

果穗

果实

花穗

幼叶正面

幼叶反面

小叶正面

小叶反面

复叶正面

复叶反面

大蜀 37 号

种质类型：种间杂交单株
成熟期：7 月上旬
单果质量：11.912 g
单果纵径：26.331 mm
单果横径：28.288 mm
单果侧径：25.423 mm
种子质量：2.135 g
种子纵径：15.865 mm
种子横径：12.626 mm
种子侧径：15.040 mm
果皮厚度：0.674 mm
果皮质量：1.883 g
果肉质量：7.895 g
可溶性固形物含量：19.15%
可食率：66.27%
果实整齐度：好
果实形状：心形
果肩形状：双肩微隆
果顶形状：圆形
果皮颜色：黄褐色
果皮龟裂纹：不明显
果皮龟裂片形状：隆起
果皮放射纹：明显
果皮疣状突起：较明显
果皮光滑度：较粗糙
内果皮颜色：浅白褐色
果肉颜色：蜡白色
果肉香味：中
果肉质地：爽脆
果肉流汁程度：无
汁液量：中
果肉透明度：不透明
果肉化渣程度：化渣
果实香气：异味
离核难易：易
种子大小：大
种子形状：扁圆形
种脐大小：中
种皮颜色：漆黑色
种皮光滑度：光滑
种子顶面观：椭圆形
树姿：开张
小叶对数：5 对
小叶着生方式：互生
小叶形状：长椭圆形
小叶叶面形态：平展
小叶叶面皱褶：有
小叶叶尖形状：短钝尖
小叶叶基形状：短楔形
小叶叶缘波状：极弱
小叶叶缘缺刻：无
叶面颜色：深绿色
叶面光泽度：弱

树

果穗

果实

花穗

幼叶正面

幼叶反面

小叶正面

小叶反面

复叶正面

复叶反面

大蜀 44 号

种质类型：种间杂交单株
成熟期：7 月上旬
单果质量：13.823 g
单果纵径：30.940 mm
单果横径：31.708 mm
单果侧径：25.875 mm
种子质量：1.706 g
种子纵径：15.031 mm
种子横径：14.225 mm
种子侧径：11.305 mm
果皮厚度：1.180 mm
果皮质量：3.150 g
果肉质量：8.967 g
可溶性固形物含量：20.67%
可食率：64.87%
果实整齐度：差
果实形状：近圆形
果肩形状：双肩平
果顶形状：浑圆
果皮颜色：黄褐色
果皮龟裂纹：明显
果皮龟裂片形状：隆起
果皮放射纹：明显
果皮疣状突起：明显
果皮光滑度：粗糙
内果皮颜色：浅白褐色
果肉颜色：蜡白色
果肉香味：强
果肉质地：爽脆
果肉流汁程度：轻度流汁
汁液量：中
果肉透明度：半透明
果肉化渣程度：化渣
果实香气：浓香
离核难易：较易
种子大小：中
种子形状：扁圆形
种脐大小：小
种皮颜色：深褐色
种皮光滑度：光滑
种子顶面观：椭圆形
树姿：开张
小叶对数：4～5 对
小叶着生方式：对生
小叶形状：长椭圆形
小叶叶面形态：浅内卷
小叶叶面皱褶：无
小叶叶尖形状：短钝尖
小叶叶基形状：短楔形
小叶叶缘波状：中
小叶叶缘缺刻：无
叶面颜色：绿色
叶面光泽度：中

树

果穗

果实

花穗

幼叶正面

幼叶反面

小叶正面

小叶反面

复叶正面

复叶反面

大蜀 51 号

种质类型：种间杂交单株
成熟期：7 月上旬
单果质量：12.711 g
单果纵径：26.912 mm
单果横径：29.121 mm
单果侧径：25.903 mm
种子质量：2.378 g
种子纵径：15.711 mm
种子横径：16.060 mm
种子侧径：13.239 mm
果皮厚度：0.727 mm
果皮质量：1.884 g
果肉质量：8.449 g
可溶性固形物含量：22.92%
可食率：66.47%
果实整齐度：中
果实形状：近圆形
果肩形状：双肩平
果顶形状：浑圆
果皮颜色：黄褐色
果皮龟裂纹：明显
果皮龟裂片形状：隆起
果皮放射纹：较明显
果皮疣状突起：明显
果皮光滑度：粗糙
内果皮颜色：浅白褐色
果肉颜色：乳白色
果肉香味：中
果肉质地：软韧
果肉流汁程度：轻度流汁
汁液量：中
果肉透明度：半透明
果肉化渣程度：略带渣
果实香气：浓香
离核难易：易
种子大小：大
种子形状：扁圆形
种脐大小：中
种皮颜色：漆黑色
种皮光滑度：光滑
种子顶面观：椭圆形
树姿：开张
小叶对数：5 对
小叶着生方式：对生
小叶形状：长椭圆形
小叶叶面形态：浅内卷
小叶叶面皱褶：有
小叶叶尖形状：短钝尖
小叶叶基形状：短楔形
小叶叶缘波状：中
小叶叶缘缺刻：无
叶面颜色：绿色
叶面光泽度：中

树

果穗

果实

花穗

幼叶正面

幼叶反面

小叶正面

小叶反面

复叶正面

复叶反面

大蜀 85 号

种质类型：种间杂交单株
成熟期：7 月上旬
单果质量：11.774 g
单果纵径：26.694 mm
单果横径：28.254 mm
单果侧径：25.885 mm
种子质量：1.503 g
种子纵径：13.354 mm
种子横径：12.281 mm
种子侧径：9.889 mm
果皮厚度：0.756 mm
果皮质量：2.013 g
果肉质量：8.258 g
可溶性固形物含量：20.09%
可食率：70.14%
果实整齐度：好
果实形状：扁圆形
果肩形状：双肩平
果顶形状：渐圆
果皮颜色：黄褐色
果皮龟裂纹：明显
果皮龟裂片形状：平滑
果皮放射纹：明显
果皮疣状突起：不明显
果皮光滑度：较粗糙
内果皮颜色：浅白褐色
果肉颜色：乳白色
果肉香味：强
果肉质地：软韧
果肉流汁程度：重度流汁
汁液量：多
果肉透明度：不透明
果肉化渣程度：略带渣
果实香气：浓香
离核难易：易
种子大小：中
种子形状：近圆形
种脐大小：小
种皮颜色：漆黑色
种皮光滑度：光滑
种子顶面观：椭圆形
树姿：开张
小叶对数：5～6 对
小叶着生方式：对生
小叶形状：长椭圆形
小叶叶面形态：平展
小叶叶面皱褶：有
小叶叶尖形状：短钝尖
小叶叶基形状：短楔形
小叶叶缘波状：弱
小叶叶缘缺刻：无
叶面颜色：深绿色
叶面光泽度：中

树

果穗

果实

花穗

幼叶正面

幼叶反面

小叶正面

小叶反面

复叶正面

复叶反面

大蜀 126 号

种质类型：种间杂交单株
成熟期：7 月上旬
单果质量：12.572 g
单果纵径：27.298 mm
单果横径：30.337 mm
单果侧径：24.899 mm
种子质量：1.994 g
种子纵径：14.882 mm
种子横径：15.551 mm
种子侧径：11.880 mm
果皮厚度：0.770 mm
果皮质量：1.961 g
果肉质量：8.617 g
可溶性固形物含量：19.49%
可食率：68.54%
果实整齐度：中
果实形状：心形
果肩形状：双肩微隆
果顶形状：钝圆
果皮颜色：黄褐色
果皮龟裂纹：明显
果皮龟裂片形状：平滑
果皮放射纹：明显
果皮疣状突起：不明显
果皮光滑度：光滑
内果皮颜色：浅白褐色
果肉颜色：蜡白色
果肉香味：强
果肉质地：软韧
果肉流汁程度：无
汁液量：中
果肉透明度：不透明
果肉化渣程度：略带渣
果实香气：浓香
离核难易：易
种子大小：大
种子形状：扁圆形
种脐大小：小
种皮颜色：漆黑色
种皮光滑度：较光滑
种子顶面观：近圆形
树姿：直立
小叶对数：5～6 对
小叶着生方式：对生
小叶形状：长椭圆形
小叶叶面形态：平展
小叶叶面皱褶：无
小叶叶尖形状：短钝尖
小叶叶基形状：短楔形
小叶叶缘波状：极弱
小叶叶缘缺刻：无
叶面颜色：绿色
叶面光泽度：中

树

果穗

果实

花穗

幼叶正面

幼叶反面

小叶正面

小叶反面

复叶正面

复叶反面

大蜀 131 号

种质类型：种间杂交单株
成熟期：7 月上旬
单果质量：10.875 g
单果纵径：24.619 mm
单果横径：27.663 mm
单果侧径：25.479 mm
种子质量：1.800 g
种子纵径：14.367 mm
种子横径：14.364 mm
种子侧径：12.134 mm
果皮厚度：0.605 mm
果皮质量：1.769 g
果肉质量：7.306 g
可溶性固形物含量：20.42%
可食率：67.18%
果实整齐度：中
果实形状：扁圆形
果肩形状：双肩微隆
果顶形状：圆形
果皮颜色：青褐色
果皮龟裂纹：不明显
果皮龟裂片形状：平滑
果皮放射纹：较明显
果皮疣状突起：较明显
果皮光滑度：较粗糙
内果皮颜色：浅白褐色
果肉颜色：蜡白色
果肉香味：弱
果肉质地：爽脆
果肉流汁程度：无
汁液量：少
果肉透明度：不透明
果肉化渣程度：略带渣
果实香气：微香
离核难易：较易
种子大小：中
种子形状：扁圆形
种脐大小：小
种皮颜色：红褐色
种皮光滑度：光滑
种子顶面观：近圆形
树姿：开张
小叶对数：5 对
小叶着生方式：对生 / 互生
小叶形状：长椭圆形
小叶叶面形态：浅内卷
小叶叶面皱褶：无
小叶叶尖形状：短钝尖
小叶叶基形状：短楔形
小叶叶缘波状：弱
小叶叶缘缺刻：无
叶面颜色：深绿色
叶面光泽度：中

树

果穗

果实

花穗

幼叶正面

幼叶反面

小叶正面

小叶反面

复叶正面

复叶反面

大蜀 209 号

种质类型：种间杂交单株
成熟期：7 月上旬
单果质量：15.840 g
单果纵径：28.497 mm
单果横径：32.254 mm
单果侧径：26.526 mm
种子质量：1.520 g
种子纵径：14.622 mm
种子横径：14.395 mm
种子侧径：10.661 mm
果皮厚度：0.680 mm
果皮质量：2.391 g
果肉质量：11.929 g
可溶性固形物含量：18.13%
可食率：75.31%
果实整齐度：好
果实形状：心形
果肩形状：双肩平
果顶形状：浑圆
果皮颜色：黄褐色
果皮龟裂纹：明显
果皮龟裂片形状：平滑
果皮放射纹：不明显
果皮疣状突起：不明显
果皮光滑度：光滑
内果皮颜色：白色
果肉颜色：蜡白色
果肉香味：强
果肉质地：爽脆
果肉流汁程度：重度流汁
汁液量：中
果肉透明度：不透明
果肉化渣程度：略带渣
果实香气：浓香
离核难易：易
种子大小：小
种子形状：扁圆形
种脐大小：小
种皮颜色：漆黑色
种皮光滑度：光滑
种子顶面观：椭圆形
树姿：开张
小叶对数：4～5 对
小叶着生方式：对生
小叶形状：长椭圆形
小叶叶面形态：浅内卷
小叶叶面皱褶：无
小叶叶尖形状：短钝尖
小叶叶基形状：短楔形
小叶叶缘波状：弱
小叶叶缘缺刻：无
叶面颜色：绿色
叶面光泽度：强

树

果穗

果实

花穗

幼叶正面

幼叶反面

小叶正面

小叶反面

复叶正面

复叶反面

大蜀212号

种质类型：种间杂交单株
成熟期：7月上旬
单果质量：13.623 g
单果纵径：27.433 mm
单果横径：31.114 mm
单果侧径：26.684 mm
种子质量：1.599 g
种子纵径：14.234 mm
种子横径：13.912 mm
种子侧径：11.448 mm
果皮厚度：0.830 mm
果皮质量：2.371 g
果肉质量：9.653 g
可溶性固形物含量：21.00%
可食率：70.86%
果实整齐度：中
果实形状：扁圆形
果肩形状：双肩平
果顶形状：浑圆
果皮颜色：黄褐色
果皮龟裂纹：明显
果皮龟裂片形状：平滑
果皮放射纹：较明显
果皮疣状突起：不明显
果皮光滑度：较粗糙
内果皮颜色：浅白褐色
果肉颜色：蜡白色
果肉香味：强
果肉质地：爽脆
果肉流汁程度：无
汁液量：中
果肉透明度：不透明
果肉化渣程度：略带渣
果实香气：浓香
离核难易：易
种子大小：小
种子形状：扁圆形
种脐大小：中
种皮颜色：红褐色
种皮光滑度：较光滑
种子顶面观：椭圆形
树姿：开张
小叶对数：4～5对
小叶着生方式：对生/近对生
小叶形状：长椭圆形
小叶叶面形态：浅内卷
小叶叶面皱褶：有
小叶叶尖形状：短钝尖
小叶叶基形状：短楔形
小叶叶缘波状：弱
小叶叶缘缺刻：无
叶面颜色：绿色
叶面光泽度：中

树

果穗

果实

花穗

幼叶正面

幼叶反面

小叶正面

小叶反面

复叶正面

复叶反面

大蜀 237 号

种质类型：种间杂交单株
成熟期：7 月上旬
单果质量：15.191 g
单果纵径：31.247 mm
单果横径：30.002 mm
单果侧径：28.933 mm
种子质量：1.692 g
种子纵径：12.776 mm
种子横径：9.431 mm
种子侧径：8.352 mm
果皮厚度：1.381 mm
果皮质量：3.643 g
果肉质量：9.856 g
可溶性固形物含量：23.72%
可食率：64.88%
果实整齐度：中
果实形状：近圆形
果肩形状：双肩平
果顶形状：圆形
果皮颜色：青褐色
果皮龟裂纹：明显
果皮龟裂片形状：平滑
果皮放射纹：不明显
果皮瘤状突起：不明显
果皮光滑度：光滑
内果皮颜色：浅白褐色
果肉颜色：蜡白色
果肉香味：弱
果肉质地：爽脆
果肉流汁程度：无
汁液量：中
果肉透明度：半透明
果肉化渣程度：略带渣
果实香气：浓香
离核难易：易
种子大小：中
种子形状：扁圆形
种脐大小：大
种皮颜色：深褐色
种皮光滑度：较光滑
种子顶面观：近圆形
树姿：开张
小叶对数：5 对
小叶着生方式：对生
小叶形状：长椭圆形
小叶叶面形态：浅内卷
小叶叶面皱褶：无
小叶叶尖形状：短钝尖
小叶叶基形状：短楔形
小叶叶缘波状：弱
小叶叶缘缺刻：无
叶面颜色：绿色
叶面光泽度：中

树

果穗

果实

花穗

幼叶正面

幼叶反面

小叶正面

小叶反面

复叶正面

复叶反面

大蜀 239 号

种质类型：种间杂交单株
成熟期：7 月上旬
单果质量：10.327 g
单果纵径：25.549 mm
单果横径：26.542 mm
单果侧径：24.219 mm
种子质量：1.777 g
种子纵径：14.185 mm
种子横径：14.265 mm
种子侧径：12.325 mm
果皮厚度：0.696 mm
果皮质量：1.949 g
果肉质量：6.601 g
可溶性固形物含量：19.96%
可食率：63.92%
果实整齐度：中
果实形状：扁圆形
果肩形状：双肩平
果顶形状：渐圆
果皮颜色：黄褐色
果皮龟裂纹：明显
果皮龟裂片形状：平滑
果皮放射纹：较明显
果皮疣状突起：较明显
果皮光滑度：较粗糙
内果皮颜色：白色
果肉颜色：蜡白色
果肉香味：强
果肉质地：软韧
果肉流汁程度：轻度流汁
汁液量：多
果肉透明度：半透明
果肉化渣程度：略带渣
果实香气：浓香
离核难易：易
种子大小：中
种子形状：扁圆形
种脐大小：中
种皮颜色：深褐色
种皮光滑度：光滑
种子顶面观：近圆形
树姿：开张
小叶对数：4～5 对
小叶着生方式：对生
小叶形状：长椭圆形
小叶叶面形态：深内卷
小叶叶面皱褶：无
小叶叶尖形状：短钝尖
小叶叶基形状：短楔形
小叶叶缘波状：强
小叶叶缘缺刻：无
叶面颜色：深绿色
叶面光泽度：强

树

果穗

果实

花穗

幼叶正面

幼叶反面

小叶正面

小叶反面

复叶正面

复叶反面

大蜀 247 号

种质类型：种间杂交单株
成熟期：6 月下旬
单果质量：13.148 g
单果纵径：27.290 mm
单果横径：30.584 mm
单果侧径：27.128 mm
种子质量：2.189 g
种子纵径：15.203 mm
种子横径：15.811 mm
种子侧径：13.187 mm
果皮厚度：0.668 mm
果皮质量：2.399 g
果肉质量：8.559 g
可溶性固形物含量：19.90%
可食率：65.10%
果实整齐度：中
果实形状：近圆形
果肩形状：双肩平
果顶形状：圆形
果皮颜色：黄褐色
果皮龟裂纹：明显
果皮龟裂片形状：平滑
果皮放射纹：较明显
果皮疣状突起：不明显
果皮光滑度：较粗糙
内果皮颜色：白色
果肉颜色：蜡白色
果肉香味：弱
果肉质地：软韧
果肉流汁程度：无
汁液量：中
果肉透明度：不透明
果肉化渣程度：略带渣
果实香气：微香
离核难易：易
种子大小：中
种子形状：扁圆形
种脐大小：中
种皮颜色：红褐色
种皮光滑度：光滑
种子顶面观：近圆形
树姿：开张
小叶对数：4 对
小叶着生方式：对生
小叶形状：长椭圆形
小叶叶面形态：浅内卷
小叶叶面皱褶：有
小叶叶尖形状：短钝尖
小叶叶基形状：短楔形
小叶叶缘波状：弱
小叶叶缘缺刻：无
叶面颜色：绿色
叶面光泽度：弱

树

果穗

果实

花穗

幼叶正面

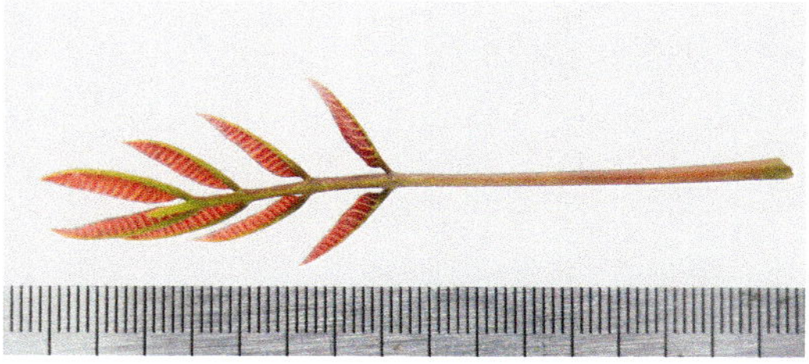

幼叶反面

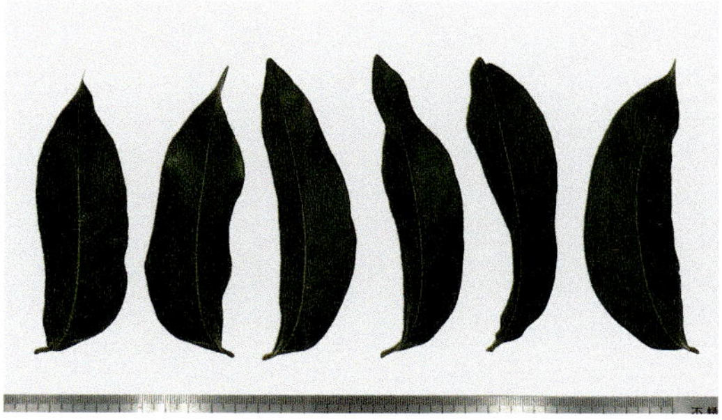

小叶正面

小叶反面

复叶正面

复叶反面

大蜀 297 号

种质类型：种间杂交单株
成熟期：7 月上旬
单果质量：12.278 g
单果纵径：27.958 mm
单果横径：29.075 mm
单果侧径：26.522 mm
种子质量：1.838 g
种子纵径：14.152 mm
种子横径：13.770 mm
种子侧径：10.909 mm
果皮厚度：1.024 mm
果皮质量：3.089 g
果肉质量：7.351 g
可溶性固形物含量：15.06%
可食率：59.87%
果实整齐度：中
果实形状：近圆形
果肩形状：双肩平
果顶形状：渐圆
果皮颜色：黄褐色
果皮龟裂纹：明显
果皮龟裂片形状：平滑
果皮放射纹：较明显
果皮疣状突起：不明显
果皮光滑度：较粗糙
内果皮颜色：浅白褐色
果肉颜色：蜡白色
果肉香味：强
果肉质地：软韧
果肉流汁程度：无
汁液量：中
果肉透明度：不透明
果肉化渣程度：略带渣
果实香气：浓香
离核难易：易
种子大小：中
种子形状：扁圆形
种脐大小：小
种皮颜色：深褐色
种皮光滑度：较光滑
种子顶面观：椭圆形
树姿：开张
小叶对数：4～5 对
小叶着生方式：对生 / 互生
小叶形状：长椭圆形
小叶叶面形态：浅外卷
小叶叶面皱褶：有
小叶叶尖形状：短钝尖
小叶叶基形状：短楔形
小叶叶缘波状：中
小叶叶缘缺刻：无
叶面颜色：绿色
叶面光泽度：弱

树

果穗

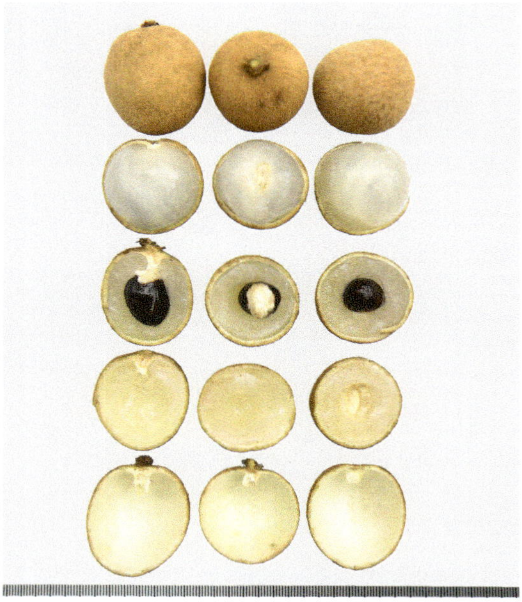

果实

花穗

幼叶正面

幼叶反面

小叶正面

小叶反面

复叶正面

复叶反面

大蜀 363 号

种质类型：种间杂交单株
成熟期：7 月上旬
单果质量：19.444 g
单果纵径：30.090 mm
单果横径：33.730 mm
单果侧径：28.210 mm
种子质量：1.978 g
种子纵径：15.326 mm
种子横径：15.518 mm
种子侧径：11.979 mm
果皮厚度：0.620 mm
果皮质量：2.749 g
果肉质量：14.717 g
可溶性固形物含量：14.63%
可食率：75.69%
果实整齐度：好
果实形状：心形
果肩形状：双肩平
果顶形状：渐圆
果皮颜色：黄褐色
果皮龟裂纹：明显
果皮龟裂片形状：平滑
果皮放射纹：较明显
果皮疣状突起：不明显
果皮光滑度：光滑
内果皮颜色：白色
果肉颜色：蜡白色
果肉香味：微香
果肉质地：软韧
果肉流汁程度：重度流汁
汁液量：多
果肉透明度：不透明
果肉化渣程度：略带渣
果实香气：微香
离核难易：易
种子大小：中
种子形状：扁圆形
种脐大小：中
种皮颜色：赤褐色
种皮光滑度：光滑
种子顶面观：近圆形
树姿：开张
小叶对数：4 对
小叶着生方式：对生
小叶形状：长椭圆形
小叶叶面形态：平展
小叶叶面皱褶：有
小叶叶尖形状：短钝尖
小叶叶基形状：短楔形
小叶叶缘波状：弱
小叶叶缘缺刻：无
叶面颜色：绿色
叶面光泽度：强

树

果穗

果实

花穗

幼叶正面

幼叶反面

小叶正面

小叶反面

复叶正面

复叶反面

大蜀 364 号

种质类型：种间杂交单株
成熟期：7 月上旬
单果质量：9.868 g
单果纵径：24.917 mm
单果横径：27.027 mm
单果侧径：23.747 mm
种子质量：1.602 g
种子纵径：15.125 mm
种子横径：13.694 mm
种子侧径：11.362 mm
果皮厚度：0.720 mm
果皮质量：1.751 g
果肉质量：6.515 g
可溶性固形物含量：23.69%
可食率：66.02%
果实整齐度：好
果实形状：扁圆形
果肩形状：双肩平
果顶形状：圆形
果皮颜色：黄褐色
果皮龟裂纹：不明显
果皮龟裂片形状：隆起
果皮放射纹：不明显
果皮疣状突起：不明显
果皮光滑度：较粗糙
内果皮颜色：浅白褐色
果肉颜色：蜡白色
果肉香味：强
果肉质地：爽脆
果肉流汁程度：无
汁液量：少
果肉透明度：不透明
果肉化渣程度：化渣
果实香气：浓香
离核难易：易
种子大小：中
种子形状：扁圆形
种脐大小：小
种皮颜色：赤褐色
种皮光滑度：光滑
种子顶面观：近圆形
树姿：开张
小叶对数：5 对
小叶着生方式：对生 / 互生
小叶形状：长椭圆形
小叶叶面形态：浅内卷
小叶叶面皱褶：有
小叶叶尖形状：短钝尖
小叶叶基形状：短楔形
小叶叶缘波状：弱
小叶叶缘缺刻：无
叶面颜色：绿色
叶面光泽度：强

树

果穗

果实

花穗

幼叶正面

幼叶反面

小叶正面

小叶反面

复叶正面

复叶反面

大蜀 375 号

种质类型：种间杂交单株
成熟期：7 月中旬
单果质量：13.956 g
单果纵径：29.300 mm
单果横径：30.784 mm
单果侧径：27.869 mm
种子质量：1.870 g
种子纵径：15.086 mm
种子横径：14.910 mm
种子侧径：12.375 mm
果皮厚度：0.770 mm
果皮质量：2.210 g
果肉质量：9.876 g
可溶性固形物含量：21.36%
可食率：70.77%
果实整齐度：差
果实形状：近圆形
果肩形状：双肩微隆
果顶形状：浑圆
果皮颜色：黄褐色
果皮龟裂纹：明显
果皮龟裂片形状：平滑
果皮放射纹：较明显
果皮瘤状突起：明显
果皮光滑度：较粗糙
内果皮颜色：浅白褐色
果肉颜色：蜡白色
果肉香味：中
果肉质地：爽脆
果肉流汁程度：无
汁液量：中
果肉透明度：不透明
果肉化渣程度：略带渣
果实香气：微香
离核难易：较易
种子大小：中
种子形状：扁圆形
种脐大小：中
种皮颜色：深褐色
种皮光滑度：较光滑
种子顶面观：椭圆形
树姿：开张
小叶对数：3～5 对
小叶着生方式：近对生 / 互生
小叶形状：长椭圆形
小叶叶面形态：浅内卷
小叶叶面皱褶：有
小叶叶尖形状：短钝尖
小叶叶基形状：短楔形
小叶叶缘波状：弱
小叶叶缘缺刻：无
叶面颜色：深绿色
叶面光泽度：中

树

果穗

果实

花穗

幼叶正面

幼叶反面

小叶正面

小叶反面

复叶正面

复叶反面

大蜀 380 号

种质类型：种间杂交单株
成熟期：7 月中旬
单果质量：13.347 g
单果纵径：27.509 mm
单果横径：30.430 mm
单果侧径：26.748 mm
种子质量：1.698 g
种子纵径：14.981 mm
种子横径：14.195 mm
种子侧径：11.821 mm
果皮厚度：0.840 mm
果皮质量：2.432 g
果肉质量：9.217 g
可溶性固形物含量：22.78%
可食率：69.06%
果实整齐度：好
果实形状：近圆形
果肩形状：双肩平
果顶形状：浑圆
果皮颜色：黄褐色
果皮龟裂纹：明显
果皮龟裂片形状：平滑
果皮放射纹：较明显
果皮瘤状突起：较明显
果皮光滑度：光滑
内果皮颜色：淡白褐色
果肉颜色：蜡白色
果肉香味：中
果肉质地：爽脆
果肉流汁程度：无
汁液量：中
果肉透明度：半透明
果肉化渣程度：略带渣
果实香气：浓香
离核难易：较易
种子大小：中
种子形状：扁圆形
种脐大小：小
种皮颜色：漆黑色
种皮光滑度：光滑
种子顶面观：椭圆形
树姿：开张
小叶对数：5 对
小叶着生方式：对生
小叶形状：长椭圆形
小叶叶面形态：平展
小叶叶面皱褶：有
小叶叶尖形状：短钝尖
小叶叶基形状：短楔形
小叶叶缘波状：弱
小叶叶缘缺刻：无
叶面颜色：深绿色
叶面光泽度：中

树

果穗

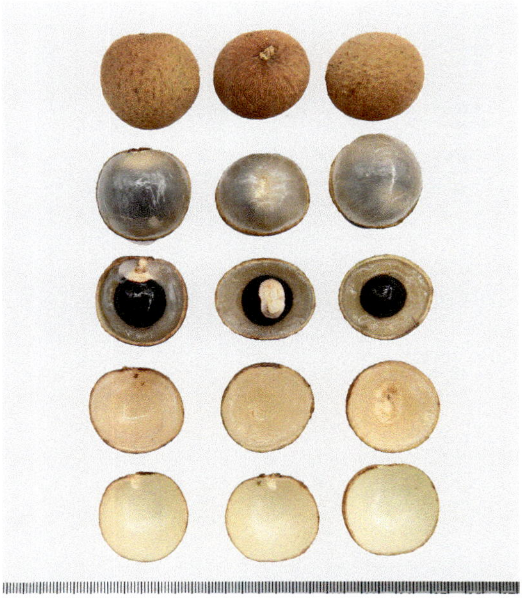

果实

花穗

幼叶正面

幼叶反面

小叶正面

小叶反面

复叶正面

复叶反面

大蜀 381 号

种质类型：种间杂交单株
成熟期：7 月中旬
单果质量：13.210 g
单果纵径：27.451 mm
单果横径：29.530 mm
单果侧径：26.110 mm
种子质量：2.210 g
种子纵径：15.463 mm
种子横径：15.500 mm
种子侧径：12.890 mm
果皮厚度：0.652 mm
果皮质量：2.060 g
果肉质量：8.940 g
可溶性固形物含量：20.04%
可食率：67.68%
果实整齐度：好
果实形状：近圆形
果肩形状：双肩平
果顶形状：圆形
果皮颜色：黄褐色
果皮龟裂纹：明显
果皮龟裂片形状：平滑
果皮放射纹：明显
果皮疣状突起：不明显
果皮光滑度：粗糙
内果皮颜色：浅白褐色
果肉颜色：蜡白色
果肉香味：强
果肉质地：软韧
果肉流汁程度：轻度流汁
汁液量：多
果肉透明度：不透明
果肉化渣程度：化渣
果实香气：微香
离核难易：较易
种子大小：大
种子形状：扁圆形
种脐大小：小
种皮颜色：漆黑色
种皮光滑度：较光滑
种子顶面观：近圆形
树姿：开张
小叶对数：5 对
小叶着生方式：对生 / 互生
小叶形状：长椭圆形
小叶叶面形态：浅内卷
小叶叶面皱褶：有
小叶叶尖形状：短钝尖
小叶叶基形状：短楔形
小叶叶缘波状：强
小叶叶缘缺刻：无
叶面颜色：深绿色
叶面光泽度：中

树

果穗

果实

花穗

幼叶正面

幼叶反面

小叶正面

小叶反面

复叶正面

复叶反面

大蜀 388 号

种质类型：种间杂交单株
成熟期：7 月上旬
单果质量：12.741 g
单果纵径：26.252 mm
单果横径：30.075 mm
单果侧径：25.774 mm
种子质量：1.956 g
种子纵径：14.761 mm
种子横径：12.782 mm
种子侧径：14.339 mm
果皮厚度：0.740 mm
果皮质量：2.035 g
果肉质量：8.750 g
可溶性固形物含量：21.60%
可食率：68.68%
果实整齐度：好
果实形状：扁圆形
果肩形状：双肩平
果顶形状：浑圆
果皮颜色：青褐色
果皮龟裂纹：不明显
果皮龟裂片形状：平滑
果皮放射纹：不明显
果皮疣状突起：不明显
果皮光滑度：光滑
内果皮颜色：白色
果肉颜色：蜡白色
果肉香味：弱
果肉质地：爽脆
果肉流汁程度：无
汁液量：多
果肉透明度：不透明
果肉化渣程度：化渣
果实香气：微香
离核难易：易
种子大小：中
种子形状：扁圆形
种脐大小：中
种皮颜色：漆黑色
种皮光滑度：光滑
种子顶面观：椭圆形
树姿：开张
小叶对数：5 对
小叶着生方式：对生 / 近对生
小叶形状：长椭圆形
小叶叶面形态：浅外卷
小叶叶面皱褶：有
小叶叶尖形状：短钝尖
小叶叶基形状：短楔形
小叶叶缘波状：中
小叶叶缘缺刻：无
叶面颜色：深绿色
叶面光泽度：强

树

果穗

果实

花穗

幼叶正面

幼叶反面

小叶正面

小叶反面

复叶正面

复叶反面

大蜀 391 号

种质类型：种间杂交单株
成熟期：7 月上旬
单果质量：15.120 g
单果纵径：28.564 mm
单果横径：31.763 mm
单果侧径：27.565 mm
种子质量：2.303 g
种子纵径：16.194 mm
种子横径：16.870 mm
种子侧径：12.557 mm
果皮厚度：0.980 mm
果皮质量：2.772 g
果肉质量：10.045 g
可溶性固形物含量：19.56%
可食率：66.44%
果实整齐度：好
果实形状：扁圆形
果肩形状：一平一隆
果顶形状：渐圆
果皮颜色：黄褐色
果皮龟裂纹：不明显
果皮龟裂片形状：平滑
果皮放射纹：较明显
果皮瘤状突起：不明显
果皮光滑度：较粗糙
内果皮颜色：浅白褐色
果肉颜色：乳白色
果肉香味：强
果肉质地：爽脆
果肉流汁程度：重度流汁
汁液量：中
果肉透明度：不透明
果肉化渣程度：化渣
果实香气：浓香
离核难易：易
种子大小：大
种子形状：近圆形
种脐大小：中
种皮颜色：红褐色
种皮光滑度：较光滑
种子顶面观：椭圆形
树姿：开张
小叶对数：5 对
小叶着生方式：对生 / 互生
小叶形状：长椭圆形
小叶叶面形态：浅外卷
小叶叶面皱褶：有
小叶叶尖形状：短钝尖
小叶叶基形状：短楔形
小叶叶缘波状：弱
小叶叶缘缺刻：无
叶面颜色：绿色
叶面光泽度：中

树

果穗

果实

花穗

幼叶正面

幼叶反面

小叶正面

小叶反面

复叶正面

复叶反面

实选1号

种质类型：实生选育优株
成熟期：6月下旬
单果质量：10.897 g
单果纵径：25.923 mm
单果横径：29.192 mm
单果侧径：24.852 mm
种子质量：1.806 g
种子纵径：16.384 mm
种子横径：13.933 mm
种子侧径：12.124 mm
果皮厚度：0.683 mm
果皮质量：1.844 g
果肉质量：7.248 g
可溶性固形物含量：24.13%
可食率：66.51%
果实整齐度：好
果实形状：近圆形
果肩形状：双肩平
果顶形状：圆形
果皮颜色：黄褐色
果皮龟裂纹：明显
果皮龟裂片形状：隆起
果皮放射纹：明显
果皮疣状突起：明显
果皮光滑度：粗糙
内果皮颜色：浅白褐色
果肉颜色：蜡黄色
果肉香味：强
果肉质地：软韧
果肉流汁程度：轻度流汁
汁液量：多
果肉透明度：半透明
果肉化渣程度：化渣
果实香气：微香
离核难易：易
种子大小：中
种子形状：扁圆形
种脐大小：小
种皮颜色：深褐色
种皮光滑度：光滑
种子顶面观：椭圆形
树姿：开张
小叶对数：5～6对
小叶着生方式：对生
小叶形状：长椭圆形
小叶叶面形态：平展
小叶叶面皱褶：无
小叶叶尖形状：短钝尖
小叶叶基形状：短楔形
小叶叶缘波状：弱
小叶叶缘缺刻：无
叶面颜色：绿色
叶面光泽度：中

树

果穗

果实

花穗

幼叶正面

幼叶反面

小叶正面

小叶反面

复叶正面

复叶反面

实选 2 号

种质类型：实生选育优株
成熟期：6 月下旬
单果质量：12.026 g
单果纵径：28.866 mm
单果横径：26.836 mm
单果侧径：25.176 mm
种子质量：1.738 g
种子纵径：15.530 mm
种子横径：13.369 mm
种子侧径：11.596 mm
果皮厚度：0.714 mm
果皮质量：2.003 g
果肉质量：8.286 g
可溶性固形物含量：18.15%
可食率：68.90%
果实整齐度：好
果实形状：肾形
果肩形状：一平一隆
果顶形状：尖圆
果皮颜色：黄褐色
果皮龟裂纹：不明显
果皮龟裂片形状：平滑
果皮放射纹：较明显
果皮疣状突起：不明显
果皮光滑度：光滑
内果皮颜色：浅白褐色
果肉颜色：蜡黄色
果肉香味：中
果肉质地：爽脆
果肉流汁程度：无
汁液量：中
果肉透明度：不透明
果肉化渣程度：略带渣
果实香气：微香
离核难易：易
种子大小：中
种子形状：扁圆形
种脐大小：小
种皮颜色：漆黑色
种皮光滑度：光滑
种子顶面观：椭圆形
树姿：开张
小叶对数：5～6 对
小叶着生方式：对生
小叶形状：长椭圆形
小叶叶面形态：平展
小叶叶面皱褶：有
小叶叶尖形状：短钝尖
小叶叶基形状：短楔形
小叶叶缘波状：弱
小叶叶缘缺刻：无
叶面颜色：绿色
叶面光泽度：弱

树

果穗

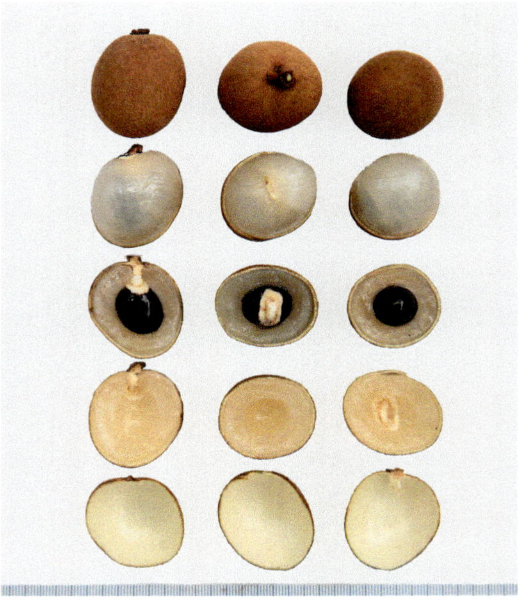

果实

花穗

幼叶正面

幼叶反面

小叶正面

小叶反面

复叶正面

复叶反面

参考文献

李建光，曾继吾，王静，等，2021. 龙眼种质资源图鉴 [M]. 广州：广东科技出版社 .

潘学文，唐小浪，郭仁东，等，2006. 龙眼品种图谱 [M]. 广州：广东科技出版社 .

邱武陵，章恢志，1996. 中国果树志　龙眼卷 [M]. 北京：中国林业出版社 .

中华人民共和国农业部，2009. 荔枝、龙眼种质资源描述规范：NY/T 1691—2009 [S]. 中华人民共和国农业行业标准 .

中华人民共和国农业部，2013. 植物新品种特异性、一致性和稳定性测试指南　龙眼：NY/T 2431—2013 [S]. 中华人民共和国农业行业标准 .